2060 年：零碳的一天

实现碳中和愿景后的"零碳"一天是什么样的⋯⋯吗？一起来碳中和的世界一窥究竟吧！

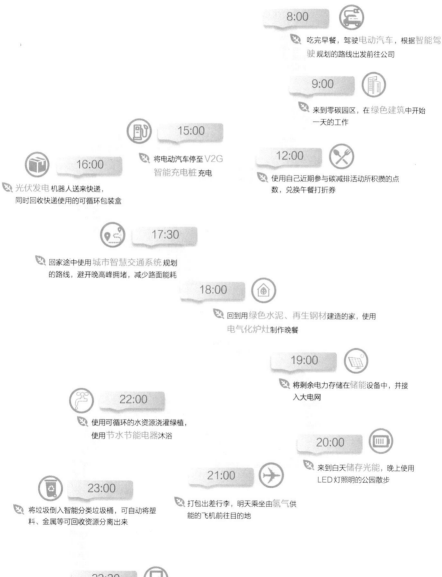

8:00
吃完早餐，驾驶电动汽车，根据智能驾驶规划的路线出发前往公司

9:00
来到零碳园区，在绿色建筑中开始一天的工作

12:00
使用自己近期参与碳减排活动所积攒的点数，兑换午餐打折券

15:00
将电动汽车停至 V2G 智能充电桩充电

16:00
光伏发电机器人送来快递，同时回收快递使用的可循环包装盒

17:30
回家途中使用城市智慧交通系统规划的路线，避开晚高峰拥堵，减少路面能耗

18:00
回到用绿色水泥、再生钢材建造的家，使用电气化炉灶制作晚餐

19:00
将剩余电力存储在储能设备中，并接入大电网

20:00
来到白天储存光能，晚上使用 LED 灯照明的公园散步

21:00
打包出差行李，明天乘坐由氢气供能的飞机前往目的地

22:00
使用可循环的水资源浇灌绿植，使用节水节能电器沐浴

23:00
将垃圾倒入智能分类垃圾桶，可自动将塑料、金属等可回收资源分离出来

23:30
智能家居控制系统根据主人的入睡习惯调暗灯光，自动关闭不再需要使用电力的家电

今天是 2060 年 4 月 10 日，清晨，你在手机共享办公软件上接到同事的拼车订单，自动驾驶电动汽车沿着智能规划路线载着你们一同前往公司。你的工位紧靠窗口，窗外爬满墙的景观绿植正对着阳光，落座后，太阳能空调启动的"嘀"声将你的视线拉回到电脑屏幕，就这样你开始了一天的工作。

临近午饭时间，手机里弹出一条消息，你点开发现，是公司"零碳生活"活动推送的通知："恭喜您参与的碳减排活动积分已达标！一张午餐券已自动下发至您的零碳钱包，请到员工餐厅兑换使用！"午休时间，你一边享用着"免费"午餐，一边将下一个零碳活动设为待办。

下午的线上会议结束后，你突然想起，智能手表上的电动汽车低电量提醒还没处理。你通过智能手表发出消息，通知电动汽车自行开到办公楼外配套的智能充电桩广场充电。随后，你收到了光伏机器人配送的快递。

忙碌了一天终于可以喘口气。下班后，你回到小区停好车，电梯"已到达地面"的提示音将发呆的你拉回现实，你迟疑了一下，本该直走的你拎着电脑包走向了小区公园的长椅。你转过头，瞥见刚下班的邻居正从小区门口的公共电动接驳车站点走来。你顺着他踱步回家的身影望向自己住的那栋楼，高耸的节能装配式建筑外墙爬满绿植，你眯着眼，在藤蔓缝隙中努力找到自己家的窗户，此时，智能家居系统已将电动窗帘拉起。太阳下山了，座椅旁的光伏储能照明灯亮了起来，万事万物都在屏息等待夜幕的降临。

家里采用的是节水循环系统，晚饭后，洗漱完毕，你倚在床头，打开手机准备为明天出差乘坐的航班提前值机。屏幕上飞机型号后面紧跟的"氢能飞机"标签提示了这次飞行可为你累积的碳减排积分。

夜深了，智能家居系统自动调暗了灯光。伴着些许困意，你开始回顾即将过去的这一天，一幅零碳路径图缓缓浮现在脑海……

一本书读懂
碳中和

A Path Guide to
Carbon Neutrality

安永碳中和课题组　著

机械工业出版社
China Machine Press

图书在版编目（CIP）数据

一本书读懂碳中和/安永碳中和课题组著 . -- 北京：机械工业出版社，2021.8
（2024.11 重印）
ISBN 978-7-111-68834-1

I. ① 一⋯　II. ① 安⋯　III. ① 二氧化碳 – 节能减排 – 研究 – 中国　IV. ① X511

中国版本图书馆 CIP 数据核字（2021）第 158629 号

　　在全球快速升温，亟须控制碳排放水平的时代背景下，净零排放已成为全球共同努力的目标。碳中和是我国贯彻发展新理念、推动高质量发展的必然要求。

　　本书首先对碳中和相关概念进行解读，阐述碳中和提出背景、我国碳中和目标、实现碳中和的难点，并分析了实现碳中和的四项关键要素。随后本书重点围绕两部分进行介绍：其一是从能源供给侧和需求侧出发介绍各行业在碳中和目标下的转变路径及机遇，涉及电力、非电、钢铁、水泥、化工、交通、建筑、服务行业；其二是对不同社会角色（个人、企业、金融机构和政府部门）应如何助力碳中和目标实现提出建议。本书以通俗易懂的语言介绍碳中和会给我们生活各方面带来的变化。希望通过阅读本书，读者能对碳中和的全景有一定了解，对未来碳中和一天的美好生活充满期待，了解自己所处行业、所处岗位、所扮演的角色在实现碳中和进程中的作用，而不是仅仅停留在概念认知上。

一本书读懂碳中和

出版发行：机械工业出版社（北京市西城区百万庄大街 22 号　邮政编码：100037）

责任编辑：秦　诗　刘新艳　　　　　　　　责任校对：马荣敏

印　　刷：北京虎彩文化传播有限公司　　　版　　次：2024 年 11 月第 1 版第 12 次印刷

开　　本：170mm×230mm　1/16　　　　　印　　张：12.75　　插　页：1

书　　号：ISBN 978-7-111-68834-1　　　　定　　价：69.00 元

客服电话：（010）88361066　68326294

"30·60"碳达峰、碳中和目标成为我国新时期高质量发展的关键目标，它事关今后几十年的经济增长模式和产业结构、能源结构的调整，对消费模式、生活方式及生态建设也都有深刻影响。本书的内容文如其名、通俗易懂，全面解读双碳目标的意义、机遇、挑战和实现路径，将起到促进将政府的承诺转化为企业的作为与公众自觉行动的效果。

——邬贺铨　中国工程院院士、中国互联网协会理事长

理解"碳中和"时代，有助于洞悉我国经济体制发展过程中需要面对的挑战，走进"碳中和"时代，迫切需要我们从宏观和微观层面践行碳中和发展路径。《一本书读懂碳中和》不仅从宏观层面探讨了关键行业发展和减排的权衡关系、技术路线选择优先顺序等与社会经济体制框架息息相关的议题，还从微观层面阐述了微观主体促进低碳减排的商业模式以及积极践行低碳目标的生活方式。本书融合了科技、经济和社会共同议题的成果，为读者勾勒出了一幅"零碳"未来宏大而生动的画卷。

——王战　上海市社会科学界联合会主席、中国经济体制改革研究
会副会长、中国国际经济交流中心上海中心理事长、
上海社会科学院国家高端智库首席专家

减排涉及地球上的每一个人。理解碳排放和碳中和是每个人参与减排的第一步。本书以浅显易懂的语言向公众讲解碳排放和碳中和，是一本非常及时的书。

——姚洋　北京大学国家发展研究院教授、院长，
北京大学中国经济研究中心主任

　　碳达峰、碳中和不仅是国家目标，它还涉及千千万万的企业、资本市场投资者，涉及我们每一个个体。这个目标的实现过程将长期伴随我们的工作、生产、生活，既是一场系统性革命，也是一次长达几十年的机会。如何抓住这个机会？本书给出了一份全景式的解答。

——管清友　如是金融研究院院长、首席经济学家

　　这是一本谈碳中和的书，但又不是一本只谈碳中和的书。实现碳中和不仅涉及目标和任务分解，也关乎经济指标的设计和约束。仔细读完本书会发现，如何建立碳交易市场机制，未来工业产业如何展开经济动态布局，金融产品服务将会带来什么改变等问题，都会得到解答。这本书理论与实践相结合，把碳中和的概念及其应用渗透到生产体系、消费体系的绿色经济转型中，非常值得仔细研读！

——焦捷　清华大学经济管理学院教授、博士生导师，
清华大学国有资产管理研究院院长，
清华大学经济管理学院中国产业发展研究中心主任

　　碳中和的意义从不在于束缚人类的生活，而在于赋予更多生命的内涵。本书让我们与碳中和背景下的金融体系深入对话，以简单明了的理论和事例讲述"碳交易市场"和"绿色金融体系"的角色，让我们了解到不同的技术路径对绿色投融资结构以及低碳产业布局的影响。书中提到的构建清洁低碳、安全高效的能源体系和绿色经济生态处处体现出碳中和的投资价值以及对人类持续生存的赋予。无论你是想简单了解碳中和的概念，还是想在碳中和时代为自身和企业的跨越式发展汲取新的思路，这本书都能给你最好的指导。

——严弘　上海交通大学上海高级金融学院学术副院长、
金融学教授，中国私募证券投资研究中心主任

　　中国高度依赖化石能源，在全球绿色革命中必然会受到冲击。中国制造的"天花板"之一是二氧化碳排放，随着碳税的国际征收越来越现实化，绿色升级将是必由之路。迈向低碳、零碳，的确会冲击现有的能源体系和工业体系，但更是中国实现新发展的一个重大机遇，不仅是技术革命，生活方式进化，而且有助于"中国制造"在国际市场畅通无阻。同时，这也将是中国生产力空间分布的一次革命。本书给了我们全方位的启迪。

——秦朔　人文财经观察家、秦朔朋友圈发起人

"碳中和"是我国生态文明建设整体布局的重要目标，是我国对全世界的承诺，也是事关国家产业结构转型升级的一项重要工作。2030年前实现碳达峰、2060年前实现碳中和的目标，将对我们的生产方式、生活方式、交易方式和治理方式产生重大影响，需要我们不断地思考如何更好地推动全产业链的转型发展，以科技创新推动"碳中和"进度；如何更好地优化新能源产业政策，推动构建清洁低碳、安全高效的能源体系；如何更好地把握好科技、金融在能源发展上的互融作用，促进"碳中和"目标下的跨产业融合发展。该书思考问题的角度新颖，阐述问题的语言平易，指导问题的内涵深刻，是产业创新时代不可多得的"脱碳"指南。

——葛培健　上海张江高科技园区开发股份有限公司原总经理

谈到碳中和，人们经常能联想到能源、交通和以钢铁化工企业为代表的工业行业，却很容易忽视建筑行业和服务行业。碳中和也是一种全新的生活方式。这本书以前瞻视角，从碳全生命周期系统、全面地介绍了建筑行业和服务行业实现碳中和的必要性和具体路径，条理清晰、通俗易读。在城市化建设的进程中，基础设施建设和公众服务领域的碳排放日益增加，这些领域也是实现双碳目标的关键。在碳中和浪潮之下，电气化改造、设备能耗控制、节能低碳材料的应用、绿色生态的保护和气候解决方案的实施等将助力城市可持续发展。创新型绿色环保技术已迎来发展机遇期，并将迅速孕育、壮大相关服务和产业集群。

——徐建国　西门子（中国）有限公司原副总裁、
世界旅游论坛中国区首席代表、长江开发促进会理事

在"双碳"目标愿景下，能源行业多年来的发展主题发生了转向。煤炭行业企业既要严格落实能源消费总量和强度的双控以及碳排放强度控制要求，也要充分发挥好煤炭在能源安全供应中的"压舱石"和"稳定器"作用。"双碳"目标的实现是个渐进的过程，不能一蹴而就。企业必须坚持新发展理念，贯彻能源安全新战略，尽早开展绿色低碳转型和高质量发展研究。本书以通俗易懂的语言对各行业企业的未来脱碳路线指出了可能的发展方向，具有很高的参考价值。

——解宏绪　中国煤炭工业协会副会长

在实现"双碳"目标的过程中，能源结构、产业结构、经济结构必然会发生巨大转变。巨变带来挑战，也为国内循环经济发展带来空前机遇。本书兼顾宏观与微观视角，全方位阐释了碳中和的内涵及其行动路线图，值得一读。

——赵凯　中国循环经济协会常务副会长

碳中和成为当下最受关注的领域之一，已是大众熟知的热词，然而公众却对碳中和的概念内涵充满疑惑，多数企业对于实现碳中和的行动路线更是无从谈起。究其原因，一方面是因为碳中和在我国经济进入可持续发展和高质量运行后才逐渐兴起，处于起步阶段；另一方面，各利益相关方基于自身理念和商业需要，通常仅能捕捉和宣传推广部分内容与价值，很难勾勒出碳中和的全貌。本书由安永碳中和课题组能源、工业、建筑、金融等领域多名专家凝聚丰富的行业实践编写而成，聚焦碳中和的实施背景、关键要素、行业转变路径及机遇，巧妙地把碳中和的实现方式与实践场景融合，为读者提供身临其境的认知，从而揭开碳中和的神秘面纱。未来已来，将至已至，安永以身作则，已于2020年底实现全球范围内碳中和，未来将与社会各界携手迈向绿色低碳发展，利用专业团队和技术共同构建绿色、可持续的商业世界，积极助力我国"30·60"目标如期实现。

——陈凯　安永中国主席、大中华区首席执行官
及全球管理委员会成员

全球气候变化正在对人类社会构成巨大的威胁。2020 年，全球与能源相关的二氧化碳排放量高达 315 亿吨，[⊖] 并且仍在不断增长。二氧化碳是一种主要的温室气体，而温室气体是全球变暖的主要原因之一，会带来冰川融化、海平面上升、高温热浪、生态环境破坏等一系列问题，人类的生产与生活都会受到不可逆转的影响。或许你生活在炎热的亚热带地区，冰川离你很遥远。又或许你每天穿梭在钢筋水泥的城市中，看到新闻报道中被破坏的植被时会想：这与我的生活有什么直接关系？气候问题带来的自然灾害听起来离我们很遥远，但实际上，任何一个国家、企业和个人都无法逃脱全球变暖的负面影响。国家要发展经济，企业要追逐利益，个人要生活，大到跨国贸易，小到细胞呼吸，碳排放无处不在，与我们息息相关。

　　那么在面对无时无刻不在排放碳、全球变暖进一步加剧的困境时，应该怎么做来扭转这种局面？这个答案是"零碳"。"零碳"并不意味着不排放二氧化碳，因为经济需要发展，生命体需要进行有氧呼吸，这些活动不可能不产生碳排放。要消除碳排放带来的气候变化，最理想的

　　⊖　国际能源署（IEA），https://www.iea.org/reports/global-energy-review-2021/co2-emissions。

方法就是采取行动，通过技术手段吸收与排放量相等的温室气体，此时"排放"也就等于"没排放"，这也是"碳中和"的内涵。碳中和听起来是简单的"抵消"机制，但实施起来非常不容易，因为世界各国共同达成碳中和目标是史无前例的大规模合作行动。每个国家是根据自身的经济发展水平和国情来制定发展目标和政策的，让各国在全球范围内统一行动是一项庞大而复杂的工程。但是，如果任由二氧化碳大规模排放，气候变化将给人类带来毁灭性的灾难。那么具体该怎么统筹行动？应该由谁来牵头带领实现碳中和？本书将带你一一找到答案。

我国作为世界第二大经济体、全球最大的发展中国家，正面临着巨大的发展挑战——既要控制二氧化碳的排放总量，又要保持经济的稳步增长。在强烈的大国责任感与担当的驱动下，我国政府认识到实现碳中和是一项重任。虽然和发达国家相比，我国节能减排行动起步晚、负担重，实现碳中和比想象中的要困难得多，但是我国仍宣布要在 2060 年前实现碳中和，为阻止气候进一步恶化贡献自己的力量。同时，实现碳中和也有助于我国摆脱对外能源依赖，转变政治与外交策略，创造就业机会，形成技术优势。

我国提出的"30·60"双碳目标（2030 年前实现碳达峰，2060 年前实现碳中和）对全球减排的战略意义重大。本书将从碳中和提出的背景开始，逐步为你讲解究竟什么是碳中和，实现碳中和的关键要素有哪些，我国各行业在碳中和目标下的转变路径及机遇是什么，以及政府、企业、个人又该怎么做。刚接触碳中和概念的读者朋友，可以循序渐进地逐章细读；对碳中和概念已有所研究的读者，可以选择自己感兴趣的章节来阅读。那么本书具体能为你带来哪些关键信息呢？

本书为你讲解究竟什么是碳中和。在第 1 章我们主要介绍了碳中和提出的背景、碳达峰与碳中和的概念及它们之间的关系。国内外领先企业在实现碳中和方面有哪些实践？我国为什么现在提出碳中和？实现碳中和的难点在哪里？

本书让你明白实现碳中和的关键要素有哪些。我们认为，技术可行、成本可控、政策引导、多边共赢是实现碳中和的四项关键要素。提高技术水平是实现碳中和的根本路径，控制成本是碳中和实现可持续发展的前提，政策引导是实现碳中和的保障，多边共赢是实现碳中和的有效手段。

本书为你描绘不同行业在碳中和目标下的转变路径及机遇，全景展现碳中和背景下的各行业行动指南。第 3 章是全书的核心部分，本章从能源供给侧和能源需求侧两个方面展开论述，就不同行业逐一说明如何实现碳中和。其中，能源供给侧以电力碳中和为介绍重点，同时也对氢能、生物质能的非电碳中和路径进行了探讨；在能源需求侧，从工业（钢铁、水泥、化工）、交通、建筑、服务 6 个重点减排行业出发，剖析行业的"脱碳"行动指南，解读各行业如何把握碳中和的机遇，赢在未来。本章也对碳的负排放技术〔碳汇，碳捕集、利用与封存（carbon capture, utilization, and storage, CCUS）技术，直接空气碳捕集〕、碳排放权交易市场以及绿色金融体系这三大支撑碳中和实现的体系进行了介绍。

本书告诉你不同的社会角色应如何发挥作用。在第 4 章我们重点讨论政府如何起到"指挥棒"的作用、政府可采取的政策有哪些、企业可以从哪些方面发力实现谋求低碳发展与保持盈利之间的平衡、金融机构如何开展投资活动以提升资源配置效率、个人可采取的有助于减少碳足迹的措施又是哪些。

本书帮你避免陷入碳中和的认知误区。虽然碳中和概念近期已经在各个领域广泛进入大众视野，但是由于提出的时间并不长，它在我国还是一个新鲜的概念，人们对碳中和的认知可能会存在一些误区。因此，在最后一章，我们会就常见的碳中和认知误区给出清晰的解释说明。

让我们一起进入碳中和的世界，揭开碳中和的神秘面纱！

CONTENTS
目录

当我们说起碳中和，
我们在说什么

什么是碳中和

提到碳中和，你可能想知道：什么是碳中和？我们为什么要进行碳中和？究其原因，是什么让碳中和成了应对全球气候变化、遏制全球变暖而采取的举措？这对我们每个人到底有什么影响？我们又需要如何应对呢？为了回答这一系列问题，我们首先介绍碳中和的提出背景。

碳排放导致全球气候变化，人类生存发展面临危机

全球快速变暖，自然环境面临威胁

刚刚过去的 2020 年，除了新冠病毒在全球肆虐，你是否也感觉到了气温有点特别？世界气象组织发布的《2020 年全球气候状况》报告显示，2020 年是有（气象）记录以来三个最暖年份之一。2020 年 6 月，北极圈内的一个西伯利亚小镇居然达到了 38℃的高温！这也是北极圈内有（气象）记录以来的最高温度。[一]其实，不只是北极，**2020 年全球平均气温比工业化前上升了大约 1.2℃，气温的上升速度远远超出预期。**

也许你会想：全球平均气温仅上升 1℃，能对我们产生多大的影响呢？要知道，**全球平均气温每升高 1℃，海平面可能会上升超过 2 米，**[二]这会导致像巴厘岛、马尔代夫这样海拔较低的沿海地区的面积逐渐缩小

[一]　央广网. 北极圈测得 38℃高温，属常态吗 [EB/OL]. (2020-06-24) [2021-04-29]. http://tech.cnr.cn/techgd/20200624/t20200624_525142677.shtml.

[二]　美国《国家科学院学报》文章 The multimillennial sea-level commitment of global warming，https://www.pnas.org/content/110/34/13745。

甚至消失，岛上的居民将不得不迁往别处。

如果全球平均气温上升2℃，全球99%的珊瑚礁都将消失，接近墨西哥国土面积的冻土会永久解冻，水资源将变得极度紧张。数千年来，地球的全年气候一直保持稳定。正如我们的身体一样，地球可以通过自我调节维持气候的动态平衡，这也是生态系统最重要的特征之一。地球生态系统内在的生态平衡一旦被打破，将对环境造成不可逆的影响。

有研究认为，**如果全球平均气温上升5℃**，地球的整体环境将被完全破坏，甚至有可能引发生物大灭绝。所以，平均气温每上升1℃，都将对地球造成不堪设想的后果（见图1-1）。

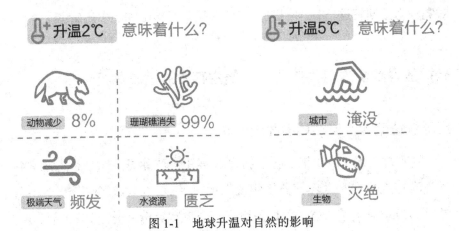

图1-1　地球升温对自然的影响

资料来源：联合国政府间气候变化专门委员会（IPCC）和网络公开资料。

导致全球变暖的"罪魁祸首"是人类活动不断排放的二氧化碳等温室气体。**温室气体**主要包括水蒸气、二氧化碳、氧化亚氮、氟利昂、甲烷等，这些气体使大气的保温作用增强，从而使全球温度升高。其原理是，太阳发出的短波辐射透过大气层到达地面，而地面增暖后反射出的长波辐射却被这些温室气体吸收。大气中的温室气体不断增多，就好像给地球裹上了一层厚厚的被子，使地表温度逐渐升高。

社会发展离不开能源的使用，随着全球人口数量的增加和经济社会的发展，生活和生产用能需求的上升是必然趋势。在这一过程中化石燃料的大规模使用，例如用煤炭发电和供暖，以燃油为动力的汽车，都是温室气体的重要来源，碳排放不可避免。因此，解决发展与排放之间的矛盾、平衡二者的关系就成了关键。

《巴黎协定》确定了全球平均气温上涨幅度控制目标

为了共同应对气候变化挑战，减缓全球变暖趋势，2015 年 12 月，近 200 个缔约方共同通过了《巴黎协定》（The Paris Agreement），对 2020 年后全球如何应对气候变化做出了行动安排。这一协定的**主要目标是将 21 世纪全球气温升幅控制在比工业化前水平高 2℃之内，并寻求将气温升幅进一步控制在 1.5℃之内**（见图 1-2）。

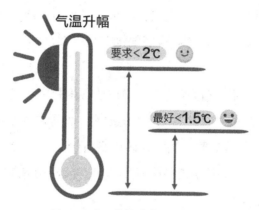

图 1-2　《巴黎协定》控温目标

资料来源：《巴黎协定》。

为什么要努力控制在 1.5℃以内呢？联合国政府间气候变化专门委员会发布的《IPCC 全球升温 1.5℃特别报告》指出，**若将全球气温上升幅度控制在 1.5℃以内，将能避免大量气候变化带来的损失与风险，**例如，能够避免几百万人陷入气候风险导致的贫困，将全球受水资源紧张影响的人口比例减少一半，降低强降雨、干旱等极端天气发生的频率，减少对捕鱼业、畜牧业的负面影响。

《巴黎协定》一共有 29 条细则，主要包括目标、减缓、适应、损失损害、资金、技术、能力建设、透明度、全球盘点等方面的内容。参与协定各方可以依据本国国情及自身发展状况来提交各自的减排计划和目标。《巴黎协定》对发达国家的减排目标提出了绝对值要求，也鼓励发展中国家根据自身国情尽可能达标。在资金方面，《巴黎协定》明确了发达国家要继续向发展中国家应对气候变化提供资金支持，同时也鼓励其他国家在自愿基础上提供援助。另外，从 2023 年开始，每 5 年将会对全球行动进展进行一次总体盘点，以保证尽力实现全球应对气候变化的长期目标。

《巴黎协定》的签署对世界各国都有重大而深远的意义。首先，开展国际合作以应对气候变化符合全人类的共同利益。地球是人类与其他生物共同的家园，我们每一个人都身处其中，都有责任为环境保护出一份力。其次，《巴黎协定》是建立在各国明确的政治共识之上的一份具有法律约束力的国际条约，与《联合国气候变化框架公约》（United Nations Framework Convention on Climate Change）共同构成了应对气候变化的国际法律制度的基础。《巴黎协定》通过让各国自主决定贡献的方式，回避了对于强制分配的减排义务公平性的质疑，为全球气候治理提供了新思路。同时，该协定的签署也让国际碳市场看到了各国应对气候变化的决心。碳排放权交易机制的不断完善，将会为国际碳市场带来新的发展机遇。

我国碳排放量高，能源活动排放占比大

根据国际能源署（IEA）的数据，**2018 年我国二氧化碳排放总量约为 96 亿吨，占全球总量的 1/4 以上，居全球首位**，排放量是美国的近 2 倍，是欧盟的 3 倍多（见图 1-3）。尽管总量偏高，但我国的人均二氧化碳排放量仅为 6.8 吨，远远低于美国人均 15 吨的二氧化碳排放量。

按行业来看，2018 年我国**发电和供热行业**所产生的二氧化碳占全国总排放的 51%，碳排放量远高于其他行业。这主要是我国"富煤、贫油、少气"的资源特征决定了当前发电和供热行业仍以燃烧煤炭为主。**工业行业**二氧化碳排放占比为 28%，是第二大碳排放行业。钢铁、水

泥、化工等工业的生产过程由于对化石能源高度依赖，因此产生了相对较多的碳排放。此外，**交通行业**和**建筑行业**的碳排放占比分别是10%和6%（见图1-4）。可以看出，目前许多行业的能源结构与节能环保的要求相比仍显得格格不入，行业低碳、零碳改造刻不容缓。

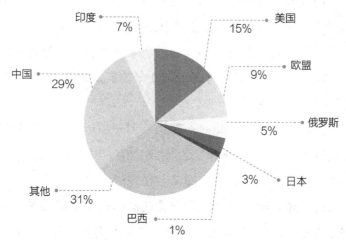

图1-3　2018年全球主要国家和地区二氧化碳排放量占比

资料来源：IEA。

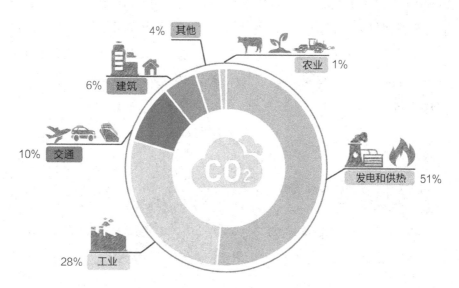

图1-4　2018年我国二氧化碳排放按行业细分

资料来源：IEA。

未来数十年全球共同行动指南

碳达峰、碳中和的概念体系

为了推动我国低碳绿色发展，应对全球气候变化，2020年9月22日，习近平主席在第七十五届联合国大会一般性辩论上提出"中国将提高国家自主贡献力度，采取更加有力的政策和措施，**二氧化碳排放力争于2030年前达到峰值，努力争取2060年前实现碳中和**"，正式向世界递交了我国减排的时间表。

这里提到了两个关键概念——碳达峰和碳中和，也就是我们通常在各种新闻报道中听到的"双碳"目标或"30·60"目标。那么，碳达峰和碳中和到底指什么？它们之间又存在怎样的关系？

简单来说，**碳达峰，是指碳排放量达到峰值后不再增长，并逐渐下降的过程（见图1-5）。碳中和，是指在特定时间内，每一个对象（可以是全球、国家、企业甚至某个产品等）未来"排放的碳"与"吸收的碳"相等（见图1-6）**。这里的碳排放狭义上是指二氧化碳排放，广义上是指所有温室气体的排放。目前就我国2060年碳中和目标指的是狭义还是广义尚无官方解释，但是无论我国承诺的是狭义上的还是广义上的碳中和，考虑大量非二氧化碳温室气体排放的影响都是至关重要的。

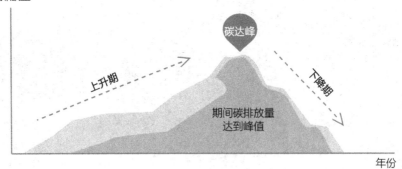

图 1-5　碳达峰示意图

资料来源：安永研究。

图 1-6　碳中和示意图

资料来源：安永研究。

　　我国在非二氧化碳温室气体的减排方面也开展了积极的行动。2021年 4 月 16 日，习近平主席在同法德领导人举行的视频峰会上宣布，中国已决定接受《〈蒙特利尔议定书〉基加利修正案》（Montreal Protocol on Substances that Deplete the Ozone Layer），加强氢氟碳化物等非二氧化碳温室气体管控。本书提到的碳中和主要是指狭义上的二氧化碳。

　　为什么要同时确立这样的"双碳"目标呢？为什么达到"碳中和"前，先要实现"碳达峰"呢？这是因为二者之间存在着紧密关联。**我们只有实现了碳达峰的目标，才能够进行碳中和的行动。前者实现时间越早，越有利于后者进程的推进。**留给碳中和的过渡时间越长，减排工作的压力就越小，对经济的影响也越平缓。此外，尽早实现碳达峰将为我国积极应对气候变化提供有力证明，有利于塑造我国良好的国际形象。

　　最关键的是，我国提出"双碳"目标是遵从我国目前的发展状况，从宏观战略层面制定的发展要求，凸显了我国在应对气候变化上的决心与大国担当。但是，实现这一目标并非易事，各行各业任务艰巨，需要国家、社会、个人克服重重困难，为环境保护付出巨大的努力。

2021 年：我国碳中和元年

近年来，习近平主席在全球会议和国家会议中多次强调，我国应走绿色低碳发展道路，以积极应对气候变化（见图 1-7）。此次"双碳"目标的提出标志着我国将进一步加大碳减排力度，在 2021 年全面开启我国实现碳中和的新征程。

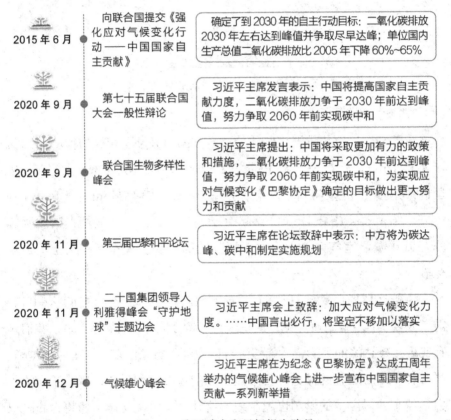

2015 年 6 月	向联合国提交《强化应对气候变化行动 —— 中国国家自主贡献》	确定了到 2030 年的自主行动目标：二氧化碳排放 2030 年左右达到峰值并争取尽早达峰；单位国内生产总值二氧化碳排放比 2005 年下降 60%~65%
2020 年 9 月	第七十五届联合国大会一般性辩论	习近平主席发言表示：中国将提高国家自主贡献力度，二氧化碳排放力争于 2030 年前达到峰值，努力争取 2060 年前实现碳中和
2020 年 9 月	联合国生物多样性峰会	习近平主席提出：中国将采取更加有力的政策和措施，二氧化碳排放力争于 2030 年前达到峰值，努力争取 2060 年前实现碳中和，为实现应对气候变化《巴黎协定》确定的目标做出更大努力和贡献
2020 年 11 月	第三届巴黎和平论坛	习近平主席在论坛致辞中表示：中方将为碳达峰、碳中和制定实施规划
2020 年 11 月	二十国集团领导人利雅得峰会"守护地球"主题边会	习近平主席会上致辞：加大应对气候变化力度。……中国言出必行，将坚定不移加以落实
2020 年 12 月	气候雄心峰会	习近平主席在为纪念《巴黎协定》达成五周年举办的气候雄心峰会上进一步宣布中国国家自主贡献一系列新举措

图 1-7　我国碳中和目标提出路径

资料来源：安永研究。

各国主动顺应绿色低碳发展潮流，分别宣布净零或碳中和目标

新一轮的能源技术和产业革命正蓄势待发，越来越多的国家加入碳中和气候行动的大军中。截至 2021 年初，全球共有 120 余个国家和地

区提出了"净零"排放或"碳中和"目标，包括已经实现目标、提出或完成立法程序、形成法律草案、进行政策宣示以及正在讨论中的国家和地区（见图 1-8）。其中，不丹、苏里南 2 个国家已实现碳中和，瑞典、英国等 6 个国家已完成立法，欧盟和韩国等 6 个国家和地区处于立法过程中，中国等 20 余个国家发布了政策宣示，其余还有近百个国家和地区正处在提出目标并积极讨论的阶段。

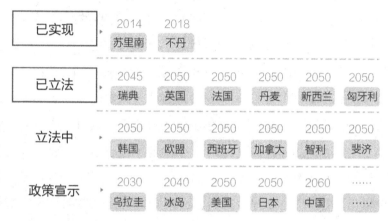

图 1-8　世界主要国家和地区实现"净零"排放或"碳中和"目标时间

资料来源：安永研究。

欧盟于 2019 年底发布了"绿色新政"，提出在 2050 年实现碳中和的目标，并在 2021 年 3 月 10 日通过了"碳边界调节机制"（Carbon Border Adjustment Mechanism，CBAM）议案，对欧盟进口的部分商品征收碳税，这也意味着欧盟将碳税机制纳入欧盟法律。美国总统拜登在上任第一天就签署行政令，让美国重返《巴黎协定》。2021 年 4 月 22 日，在"领导人气候峰会"上，美国在 2050 年实现碳中和目标的基础上提出了新的减排目标，计划于 2030 年温室气体相较于 2005 年降低 50%～52%。除此之外，其他国家和地区也纷纷为实现碳中和目标付诸行动，全球各国正携手开展气候治理。

为实现碳中和，国内外领先企业这么做

碳中和不仅是国家层面关注的重点议题，更是企业应承担的重要责任。全球许多大型企业已经对碳中和目标做出了一系列承诺，并积极从企业自身角度出发履行环保义务。由于欧美等发达国家实现碳达峰时间较早，这些国家的企业已经积累了许多成熟的碳减排经验。

科技巨头谷歌（Google）早在 2007 年就承诺致力实现碳中和。谷歌针对其数据中心的能耗问题开发和使用能效更高的制冷系统，并联合 Deep Mind 利用机器学习不断优化；针对其办公场所，谷歌获得 LEED$^{\ominus}$（Leadership in Energy and Environmental Design，能源与环境设计先锋）认证的面积越来越大，园区内充电桩和共享单车数量不断增多。与此同时，谷歌对可再生能源大量投资，通过购买可再生能源与自身能源消耗相抵的方式在 2017 年实现了"净零"排放，并通过购买碳信用额（carbon credit）在 2020 年实现自公司成立以来所有碳足迹的"清零"。在实现公司碳中和后，谷歌开始将目光放到供应商减排方面，投资 27 亿美元，为供应商提供新的清洁能源供应。谷歌计划在 2030 年实现全天候无碳运营，这是到目前为止科技领域最大的环保承诺之一，届时谷歌的数据中心和办公场所将实现 100% 由清洁能源供电。$^{\circleddash}$

超级石油巨头英国石油公司（BP）在 2020 年 2 月提出将在 2050 年实现碳中和。BP 积极进行能源转型，调整传统石化业务，在 2020 年 6 月宣布计划以 50 亿美元的价格将其全球石化业务出售给英力士集团（INEOS）。这并不意味着 BP 放弃油气产业，但 BP 承诺将不会在尚未开展上游活动的国家进行勘探。$^{\circleddash}$BP 公司大力布局可再生能源，其宣布从 2021 年到 2030 年的 10 年间，年度绿色能源投资额将高达 50 亿美元左右，为 2020 年的年度绿色能源投资额的 10 倍。此外，BP 公

⊖　一个绿色建筑评价体系。

⊜　https://sustainability.google/commitments/#.

⊜　电力头条.法国道达尔公司、英国石油公司碳中和转型路径分析 [EB/OL]. (2020-11-17) [2021-04-29]. http://www.chinapower.org.cn/detail/286225.html.

司计划截至 2030 年，可再生能源产量较 2019 年扩大 20 倍，发电装机容量增至 5000 万千瓦。在光伏发电方面，2017 年 BP 收购欧洲最大的太阳能开发商 Lightsource 43% 的股份，重回太阳能领域。2018 年 BP 投资快速充电电池开发商 StoreDot，收购英国最大电动汽车充电公司 Chargemaster。同时，BP 也在 2019 年与滴滴成立合资公司，进军电动交通领域。2020 年 9 月，BP 收购挪威国家石油公司（Equinor）在美国的两家海上风力发电场的股权，首次进军海上风电。同年 11 月，BP 与丹麦可再生能源集团 Orsted 合作，开发零碳氢气，并计划在 2030 年将氢气产能扩大到全球氢气核心市场 10% 的份额。[⊖]

截至 2019 年底，**特斯拉（Tesla）** 在全球安装的太阳能电池板已达 370 万千瓦，产生的绿色电力累计超过 166 亿度，特斯拉还通过提供公用事业规模储能产品 Megapack，满足全球大规模电池存储项目的需求，让不稳定的绿色电力存储起来。在供应链原材料采购方面，特斯拉要求其一级汽车供应商必须在国际材料数据系统（IMDS）中注册并符合国内和国际的材料合规要求，以满足欧盟和其他国家相关法规的要求。为进一步提高钴供应链的透明度，特斯拉使用《负责任矿产倡议（Responsible Minerals Initiatives，RMI）钴报告模板》从相关供应商处收集详细数据，并要求所有电池供应商和次级供应商根据最新版的《经合组织指南》[⊜]与 RMI 标准进行年度第三方审计。在电池回收方面，2019 年特斯拉回收的锂离子电池中金属包括 1000 吨镍、320 吨铜、110 吨钴。特斯拉目前正在开发一种独特的电池回收系统，用于回收特斯拉电池中使用的所有金属。自 2019 年开始，特斯拉开始向其他整车厂销售碳排放额度。[⊛]2020 年出售碳排放额度的收入达到 16 亿美元，

⊖ 胡文娟.国际石油公司低碳转型探索与实践［J］.可持续发展经济导刊，2021（3）：24-26.
⊜ 全称为《经济合作与发展组织关于来自从受冲突影响和高风险区域的矿石的负责任供应链尽职调查指南》。
⊛ 特斯拉发布的《特斯拉影响力报告 2019》。

可以说，碳排放权交易已成为特斯拉增收新支点。⊖

我国企业同样积极致力于实现碳中和，众多央企已纷纷宣布碳中和目标，并取得了显著成效，为我国其他企业起到了表率作用。中国**国家电网有限公司**（后文简称"国家电网"）秉承"能源转型、绿色发展"理念，一直致力于加快电网发展，推动能源电力向低碳电力转变。一方面，国家电网公司积极推动新能源发展，在"十三五"期间电网投资高达 2.4 万亿元，保障新能源及时并网和消纳；加强输电通道建设，输送清洁能源电量比例达 43%；抽水蓄能电站在运在建规模高达6236 万千瓦。截至 2020 年底，国家电网经营区内清洁能源装机占比达 42%，减排 4.5 亿吨二氧化碳。另一方面，大力实施电能替代，全面完成北方地区"煤改电"任务，加快电动汽车充电网络建设。同时，国家电网还注重电力技术创新，主导或重点参与新能源电厂并网与运行控制领域标准建设。在我国提出"双碳"目标后，国家电网积极响应，制订公司行动方案，包括：加快构建坚强智能电网，加大跨区输送清洁能源力度，保障清洁能源及时同步并网，支持分布式电源和微电网发展，加快电网向能源互联网升级，持续提升系统调节能力，优化电网调度运行，发挥市场作用扩展消纳空间，拓展电能替代广度深度，积极推动综合能源服务，助力国家碳市场运作，全面实施电网节能管理，强化公司办公节能减排，提升公司碳资产管理能力，统筹开展重大科技攻关，打造能源数字经济平台等 18 项行动。⊜

中国长江三峡集团有限公司（简称"三峡集团"）已成为全球最大的水电开发运营企业和我国最大的清洁能源集团，是第一家宣布碳中和时间表的电力央企，其宣布力争于 2023 年率先实现碳达峰，2040 年实现碳中和。目前，三峡集团的清洁能源装机占比高达 96%。近年来三

⊖　特斯拉 2020 年年报：https://www.sec.gov/Archives/edgar/data/1318605/0001564 59021004599/tsla-10k_20201231.htm.

⊜　国家电网公司.国家电网公司发布"碳达峰、碳中和"行动方案[N].国家电网报，2021-03-02（1）.

峡集团也在大力发展风电和太阳能发电。[一] 2020 年，三峡集团新能源新增装机超 500 万千瓦，总装机突破 1600 万千瓦，其中风电装机突破 900 万千瓦，光伏发电装机突破 700 万千瓦。[二]

蚂蚁集团于 2021 年 3 月 12 日锁定在 2030 年实现净零排放目标，并推出了多种多样的服务助力实现碳中和。例如，蚂蚁集团对自身园区进行节能减排改造，倡导员工低碳办公，积极推动绿色投资，推出垃圾分类回收和二手商品回收平台等。值得注意的是，蚂蚁集团利用技术优势率先将区块链技术运用到碳中和行动中，使碳排放、碳减排、清结算、审计等过程更加公开透明。此外，最典型的产品还要数蚂蚁森林。数据显示，2016 年上线的"蚂蚁森林"项目已经带动 5.5 亿人践行低碳生活，种下超过 2.2 亿棵真树，产生了独特的绿色社会影响力。[三]

为什么提出碳中和

在"双碳"目标的引领下，碳减排已然成了硬指标。国家将"做好碳达峰、碳中和工作"纳入"十四五"规划开局之年的重点任务。未来，我国在实现碳中和之路上，挑战与机遇并存。

实现碳中和，不只是一种责任

低碳化、清洁化和高效化是能源发展的大势所趋。碳中和意味着从

〇　三峡官网.三峡集团：为我国实现"碳达峰、碳中和"目标提供有力保障 [EB/OL]. (2021-03-12)[2021-04-29]. https://www.ctg.com.cn/sxjt/xwzx55/zhxw23/1119274/index.html.

〇　全国能源信息平台.首家宣布"碳中和"时间表的能源央企！三峡集团计划 2040 年实现碳中和 [EB/OL].（2021-03-15）[2021-04-29]. http://pt.people-energy.com.cn/.

〇　中国新闻网.蚂蚁集团承诺 2030 年实现净零排放 碳中和采用蚂蚁链存证 [EB/OL].（2021-03-12）[2021-04-29]. http://www.chinanews.com/business/2021/03-12/9430589.shtml.

化石能源时代向非化石能源时代过渡的开始。从人类历史上的两次工业革命的经验来看，煤炭、石油等能源的获取和使用在很大程度上影响了大国的兴衰。未来多数化石燃料将退出历史舞台，哪个国家能够快速发展清洁可再生能源，哪个国家就能够在新的国际格局中成为领导者。作为全球第二大经济体和最大的二氧化碳排放国，我国宣布碳中和目标，积极响应《巴黎协定》应对气候变化，主动做出减排承诺，不仅彰显了大国责任与担当，而且对于加速我国社会、经济、能源、技术等方面的转型与重构同样具有高瞻远瞩的战略意义。

（1）摆脱能源对外依赖

当前，我国化石能源的对外依赖程度仍然较高。以石油产业为例，我国石油的进口量位居全球首位，2020 年对外的依赖程度攀升至 73%。在我国工业化进程持续推进的前提下，未来对于能源的需求还将有增无减。但事实上，我国可再生能源非常丰富，资源禀赋远远超过化石能源。大力发展可再生能源，提高清洁能源的消纳比例，能够降低对煤炭、石油等化石能源的依存度，摆脱高能耗传统能源结构，提高我国能源的自给率，保障我国能源安全，推动能源高质量发展。

（2）促进全球产业链重构

在碳中和目标下，产业链内企业间的经济交换，不再仅限于传统的产品与服务，也包括每一个环节的碳排放量。为实现自身的碳中和，企业不仅要降低自身经营中可控的直接碳排放水平，也需要减少各类能源消耗带来的间接排放，以及运输、配送、生产废弃物处理产生的其他间接排放。同时，各国政府也在积极启动碳边境税的研究与试点。这些新的价值视角与监管要求必然会催生新的竞争优势，改变现有产业链内各方的议价能力，进而引发产业链在全球范围内分工格局重构。作为全球制造业大国，我国需要在未来市场中拥有低碳竞争优势，才能在产业链分工中聚焦高附加值的环节。

（3）推动资产重新配置

伴随着绿色经济的发展浪潮，资本市场的投资风口正在发生"结构性转变"。碳中和目标的确立不仅会带来巨大的绿色低碳投资需求，而且还将会进一步收紧传统高碳能源行业的投资限制。除投资战略核心方向的转变外，大量的金融工具将被用于实现碳中和，如绿色债券、ESG（Environment，Social and Governance，环境、社会和治理）基金等，金融机构也将不断推出绿色金融业务模块，由此助力绿色金融的不断革新及绿色市场的蓬勃发展，也为碳排放权交易市场创造了更多的投资机遇。

（4）以气候外交提升国际话语权

碳中和是一场深刻的能源替代行动，将重新定义 21 世纪的大国竞争格局。长期以来，在气候环境方面，欧盟一直掌控着环境保护和低碳经济的主导权，包括大部分碳排放权交易规则的制定，更在 2016 年就力推单边征收航空碳税，力求通过制度性安排在碳排放权交易、碳金融业务等方面掌握话语权。**今时今日，全球共同的气候行动是我国加强国际对话、提升国际话语权的良好契机。通过建设一个休戚与共的命运共同体，使不同发展水平的经济体联合起来共同应对气候变化。**

（5）推动产业技术升级

技术研发与技术突破是实现净零排放的关键。只有充分融合各种新型技术，依托原研创新，打造以低碳为核心的新型竞争力，才能实现长期的可持续高质量发展。这种科技发展的趋势，必然带动一二三产业和基础设施的绿色升级。为了提高我国在全球多技术领域内的竞争力与领导地位，我国相关行业，特别是在电力系统、工业行业原燃料替代、交通电气化等领域，必须主动发力，开展从基础研究到技术应用多层次的探索，解决关键技术"卡脖子"的问题，建立**更有主导能力的技术标准**，不仅能确保我国在世界各行业的发展中抢占先机，而且能从更深层级激发高质量发展的潜力。

（6）创造新型就业机会

就业是最重要的民生工程、民心工程、根基工程。碳中和带动了新型业务、新型企业、新型行业的蓬勃发展，随之而来的是新职业、新岗位、新的就业机会。2020～2050年，将有70万亿元左右的基础设施投资因此被撬动，伴随各类新型业务**在可持续发展方面为经济和工业发展创造新的机会，**[○]这意味着**大量的从业人员和即将就业的人将由传统的高碳行业转向低碳行业谋求发展**，仅在零碳电力、可再生、氢能等新兴领域，就将创造超过3000万个就业机会。这种与产业升级匹配的就业机会变迁将对劳动力的素质与技能提出更高的要求，有利于促进高质量的就业。

（7）推动循环经济转型

构建绿色低碳循环发展体系需要生产体系、流通体系、消费体系的协同转型。碳中和推动的能源技术革命将向交通、工业、建筑以及其他行业传导，推动全产业全面低碳化与现代化。碳中和将促进生产方式、消费方式和商业模式与碳排放脱钩，促进低碳可持续产业的发展和进步，有效降低资源消耗强度，减少垃圾污染物，减少各类温室气体排放。依托循环经济实现经济效益、社会效益、生态效益的平衡，构建实现经济发展与环境和谐有机融合的经济发展模式。

碳中和目标的提出，为什么是现在

目前世界碳排放形势仍不容乐观。各国虽然积极参与《巴黎协定》应对气候变化威胁，但**各方提交的"国家自主贡献目标"离实现21世纪全球升温控制在2℃以内仍有差距**，这就意味着各国必须进一步加大自主贡献减排量的步伐。

○ 中国投资协会发布的《零碳中国·绿色投资蓝皮书》。

我国在当下提出实现碳中和，是在充分权衡国情、综合评定各项实现基础后做出的深思熟虑的决定，也是基于我国多年节能减排的经验制定的切实可行的目标。这是否意味着我国已经基本具备了实现碳中和的良好基础呢？

我国在环境保护和节能减碳上已形成良好基础

习近平总书记提出的"绿水青山就是金山银山"⊖深刻阐明生态文明建设是经济高质量发展的本质要求。过去的几十年里，我国在节能减碳上的行动已经取得了明显的成效，对外承诺的 2020 年碳排放强度较2005 年下降 40%～45% 已于 2019 年提前实现。⊖**近些年来我国的碳排放强度持续下降，已经基本遏制了碳排放加速增长的趋势。**可以说，我国节能减碳的时间表一直在超前推进。

作为世界上最大的发展中国家，我国长期以来积极参与全球气候变化行动，从《联合国气候变化框架公约》到《巴黎协定》，我国在全球气候治理体系中的角色已经悄然发生转变，**从被动地参与到主动地引领，从全球生态文明建设的贡献者到代表发展中国家发声、争取权益、协助提供碳减排支持，我们一直在向世界展示着坚定的中国态度。**

随着社会的不断进步，我国民众的环境保护意识也在不断增强，"让低碳绿色生活成为新时尚"已逐渐融入我们的日常生活。我国节能减排取得的一系列成果得到了社会的广泛认同，为我国实现碳中和目标奠定了良好的社会基础。

我国可再生能源开发和利用规模居世界首位

可再生能源是实现"双碳"目标的一大主力军，而我国正是世界上

⊖　人民网.新时代生态文明建设的根本遵循 [EB/OL].(2020-06-11)[2021-04-29].
　　http://theory.people.com.cn/GB/n1/2020/0611/c40531-31742505.html.
⊖　http://m.cnr.cn/news/20191127/t20191127_524874751.html.

最大的可再生能源生产和消费国。**我国的可再生能源资源丰富，开发和利用规模稳居世界第一**。截至 2020 年底，我国可再生能源发电装机总量达 9.3 亿千瓦。①我国利用风能、太阳能、水能、生物质能实现的发电产能已经连续多年在全球处于领先地位。此外，在技术方面，我国目前已经形成了较为完备的可再生能源技术产业体系，技术和装备水平都有了很大幅度的提升，其中光伏发电和风电技术均处于世界领先水平。从一无所有到霸气逆袭，可以说我国可再生能源的大力发展推动了全球可再生能源的快速兴起，也为我国碳中和目标的实现提供了有力支撑。

特高压引领我国能源互联网建设

我国的特高压技术也为推动世界的工业发展做出了巨大贡献。**特高压**，指的是 ±800 千伏及以上的直流电和 1000 千伏及以上交流电的电压等级的输电线路。与我们常见的普通电网不同，它能够通过升高电压以最低损耗完成电能的超远距离输送。通过自主创新，我国先后攻克了特高压技术和装备难题，建设了世界领先的特高压电网，有效地缓解了我国电力的资源错配，解决了电力跨区域远距离输送难题。这是我国电力发展史上一项极具影响力的伟大成就。

那么特高压、能源互联网与碳中和之间又存在着怎样的联系呢？**能源互联网**是基于可再生能源的分布式、智能化的开放共享网络，让互联网与能源的生产、运输、储存、消费等各个环节深度融合。**能源互联网是未来全球能源发展的必然方向，而特高压则是构建能源互联网的必要基础**。我国先进的特高压技术为实现跨洲、跨国的能源互联提供了可能，也将从根本上改变我国的能源发展方式，是加速实现清洁替代和电

⊖　国家能源局.我可再生能源技术产业体系完备，开发利用规模稳居世界第一 [EB/OL].(2021-04-09)[2021-04-29]. http://www.nea.gov.cn/2021-04/09/c_139869429.htm.

能替代的根本途径。未来，世界能源很可能在我国的引领下实现互联互通。

我国森林面积和森林蓄积量连年增长

森林通过吸收二氧化碳并将其固定在植被或土壤中，可以降低大气中二氧化碳的浓度。自新中国成立以来，我国一直大力开展退耕还林、天然林保护修复等重点工程，绿化工作取得了显著进展。在全球森林资源持续减少的情况下，**我国连续 30 年保持森林蓄积及森林覆盖率的"双上升"**，为全球森林面积的增加做出了巨大贡献。

"十三五"期间，我国的森林蓄积量已经超过 175 亿立方米，森林覆盖率达到 23.04%。[一] 我国还拥有全世界面积最大的人工林，全球 1/4 的增绿都来自中国。[二] 根据最新的气候行动目标及林业新世纪跨越式发展的战略规划，我国将在 2030 年实现森林蓄积量较 2005 年增加 60 亿立方米，[三] 2050 年我国森林覆盖率将达到并稳定在 26% 以上。[四] 未来，伴随着森林面积的不断扩大和森林质量的持续提升，森林碳汇将在我国实现碳中和的过程中扮演越来越重要的角色。

实现碳中和为什么难以及难在哪儿

虽然目前我国已基本具备了实现碳中和的基础条件，但从我国当前

[一]　新华网. 我国森林蓄积量超过 175 亿立方米，连续 30 年保持增长态势 [EB/OL].（2021-01-26）[2021-04-29]. http://www.xinhuanet.com/2021-01/26/c_1127027874.htm.

[二]　中青在线. 人工林面积 7954.28 万公顷！全球增绿 1/4 来自中国 [EB/OL].（2021-03-15）[2021-04-29]. http://news.cyol.com/app/2021-03/12/content_18967281.htm.

[三]　气候雄心峰会.

[四]　人民网. 美丽中国，从林做起——访全国绿化委员会副主任、国家林业局局长赵树丛 [EB/OL].（2013-03-13）[2021-04-29]. http://theory.people.cn/n/2013/0313/c49150-20778640-2.html.

的碳排放规模和行业结构来看，实现碳中和的愿景对我们来说仍非触手可及。这将是一次经济结构、社会认知、能源变革和技术创新的大转变，也可以称得上是一场关于能源的革命和时代的变革，未来40年我国将面临的困难和挑战可想而知。

经济发展需求与节能减排约束：一场速度与质量的博弈

首先，**提出实现碳中和是我国在碳排放领域做出的自我施压和主动承诺，自主减排的速度和力度都远远超过发达国家**。对于欧美等发达国家来说，碳达峰是一个伴随着国家经济和技术发展的自然过程，从碳达峰到碳中和的实现，通常要有50～70年的过渡期，而留给我国的时间却只有30年。在这么短的时间内，一个拥有超过14亿人口的国家若能实现如此大规模的社会和能源转型，必将成为人类历史上前所未有的壮举，也必将对世界环境做出巨大贡献。

然而，我国是世界第一大碳排放国，目前仍处在工业化和城市化的快速推进期，经济高速增长时，每一单位GDP的增长都将进一步带来碳的排放。未来十几年，要想基本实现现代化，能源需求还需继续保持合理增长。如果我们当下立即停止发展，全面主攻环保减排，经济势必会大受影响。能源消费增长和节能减排的压力并存，我们该如何用30年的时间，走完发达国家50～70年所走的路程？我国能否在实现碳中和目标的道路上再次向世界展现"中国速度"？这是一次对我们国家的大考，需要社会各界每一个人的努力。

能源转型技术面临重重挑战

构建新型低碳工业体系是碳中和目标下的大势所趋，未来许多行业将面临不同程度的工艺技术转换需求，比如钢铁行业的焦炭炼钢向氢气炼钢的转变，燃料电池对燃油的替代，工业生产中可回收材料的利用等。然而，实现能源结构转型并非易事，一个大型国有企业能源转型带来的改变不亚于一个发达国家的变化，其技术实现的难度和规模可想而知。同时，一些"靠天吃饭"的可再生能源技术还将面临安全性和稳定性等不确定性因素，这将进一步加大企业能源转型的技术难度。

此外，实现能源结构转型需要的是科技技术的不断创新。由于我国碳中和进程与国外相比起步较晚，碳中和技术面临着滞后发展的难题。目前来看，**我国碳中和各技术链条发展水平差距较大，尚未达到大规模商业化运行的水平，技术成本较高**，因此还需加大创新研发力度，以商业化目标为前提，进一步降低减排技术的成本与能耗。

碳中和目标下的社会难题

碳中和目标下的另一大挑战是社会观念的转变。可再生能源的发展不仅象征着一个时代的进步，更是一场社会认知的革命，是对能源本质和价值潜能的全新理解与认识。碳中和意味着各行各业都需要持续投入资金以进行低碳减排的技术研发、能效提升和电能替代等，但企业个体可能很难在短期内取得经济收益，产业链各环节直至终端消费者都将承受低碳减排带来的额外"绿色成本"。上到国家、中到企业、下到每个人，唯有具备正确的理念并积极主动地参与，才有可能顺势迎来碳中和目标下能源发展的新时代。

此外，由于我国各地区经济水平、资源配置和产业结构存在较大差异，碳排放分配不公平等问题可能会进一步加剧地区与行业之间的不均衡发展。在生产者责任视角下（碳排放量计入生产者），碳排放量较高的地区多为重工业或化石能源比较丰富的地区；在消费者责任视角下（碳排放量计入消费者），碳排放量较高的地区多为经济发达的地区。在跨地区贸易中，能源密集或重工业地区实际上承担了经济发达地区的部分碳排放，而经济发达地区不仅将部分碳排放转移到其他地区，同时还获取了经济收益，从而形成了地区间碳排放分配不公平的现象。[⊖] 这些重工业地区由于过度依赖化石能源，在碳市场中可能会面临更高的碳减排成本，对人员就业、居民生活、经济收入等都会带来负面影响，从而进一步加大各地区间的发展差距。因此，科学地界定各地区的碳减排责任，针对各地区差异合理分摊碳配额，将是我国碳中和行动中需要进一步关注的焦点。

⊖ 可持续发展经济导刊.庞军：碳中和目标下对全国碳市场的几点思考 [EB/OL].（2021-04-08）[2021-04-29]. https://huanbao.bjx.com.cn/news/20210408/1146162.shtml.

实现碳中和：
四项关键要素缺一不可

　　相信现在你已经对碳中和的概念，我国为什么现在提出碳中和，以及实现碳中和的难点有了基本的了解。那么要想实现碳中和，究竟有哪些关键要素呢？我们将在本章中对实现碳中和的四项关键要素，即技术可行、成本可控、政策引导及多边共赢逐一进行讲解。

要素一：技术可行

　　技术是推动社会进步、提高生产力的重要因素。在我国既需要保持经济的高质量发展，又要在 40 年内以"中国速度"实现全社会能源低碳转型的背景下，**大力发展可复制、可推广的低碳技术是实现碳中和目标的根本路径。**

　　为什么技术对于实现碳中和如此重要？一方面，我国是世界第一大碳排放国，实现碳中和所需的碳排放减量远远多于其他经济体；另一方面，我国目前的能源结构仍以煤炭、石油等传统化石燃料为主，可再生能源在能源供给中贡献较小，当前经济发展与碳排放尚未完全脱钩，因此在考虑减少碳排放的同时，还要兼顾经济的持续发展。高耗能、高排放行业对于我国的经济发展尤为重要，这就要求企业在保持经济发展贡献的前提下，以先进技术为重要依托，最终实现碳中和愿景。

　　可以预见，在未来几十年，以 CCUS 技术、可再生能源技术、电气化技术、信息技术等为中心的一系列低碳技术发展路线将在能源转型中发挥不可替代的作用。CCUS 技术能够帮助高耗能行业提升能源利用效率；可再生能源技术、电气化技术的发展将加快传统化石能源的淘汰，推动清洁能源产业结构的进一步升级换代；此外，大数据、物联网、人工智能等信息技术也将助力我国碳减排进程，对减少碳排放具有重要意义。

然而，由于我国的碳减排技术起步较晚，相关技术的深入研究与大规模应用还未进入快车道。现阶段大部分技术仍处于前期研究阶段，对碳减排、碳替代的贡献还相对较小，未来能否大规模推广应用还是未知数。我国距离完全消减碳排放需求和实现能源替代的愿景目标还有很长的一段路要走。

要素二：成本可控

绿色低碳技术的发展固然会推动我国技术转型的全面升级，形成国际竞争力，但技术的研究与发展需要企业"买单"，这无疑会大幅提高企业的成本，使产品丧失市场竞争力。低碳技术的应用也会相应增加产业链各环节中间产品、终端消费品的成本。因此，**碳中和目标的实现需考虑低碳与市场发展的平衡，在技术可行的前提下做到成本可控，这样才能实现可持续发展。**

零碳经济将彻底重构产业链，这也意味着价值链的全面转型。从几大高耗能、高排放的控排行业来看，绿色低碳转型将大幅提高能源供给与节能减排的成本。表 2-1 展示了主要行业代表企业的成本构成。

以**钢铁行业**为例，燃料成本是与碳减排关联度最大的生产成本之一，因此，降低燃料成本应成为整个钢铁行业实现碳减排的重点举措。其中，加大废钢电炉炼钢法的研发、推动 CCUS 技术的应用是钢铁行业成本投入的主要部分，具体包括电力成本、回收废钢成本、CCUS 技术的研发应用及推广成本等。这些"绿色成本"将直接影响钢铁行业的产品价格。从长远来看，新增的绿色成本所带来的经济效益不但能够抵消其自身成本，甚至还能产生净收益。

表 2-1 主要行业代表企业的成本构成

行业名称	代表企业	成本构成
电力	某大型电力公司	燃料成本（54%）、折旧与摊销（26%）、人工成本（15%）、其他（5%）
钢铁	某大型钢铁企业	原材料和燃料成本（73%）、其他（27%）
水泥	某大型水泥企业（熟料产品）	燃料及动力成本（51%）、原材料成本（26%）、折旧费用（7%）、人工成本（16%）
化工	某大型化工企业（烯烃产品）	原材料（煤、焦炭、焦炉气、甲醇）及辅料成本（58%）、人工成本（5%）、其他（37%）
交通	某大型交通企业	能源支出（耗电）（18%）、委托运输管理费（22%）、动车组使用费（30%）、折旧费用（19%）、其他（11%）
建筑	某大型建筑企业（房屋建筑领域）	原材料成本（20%）、分包成本（21%）、其他（24%）

资料来源：各公司 2020 年年报。

第 3 章关于**建筑行业**脱碳的部分将提到，建筑运行能耗，即建筑在使用过程中消耗的能源，是建筑行业能源消耗的主要部分，其碳排放量占整个建筑行业的 60%。建筑运行能耗主要来自电力和煤炭，因此降低电力与煤炭的碳排放量便成为整个建筑行业碳减排的重中之重。主要应对手段包括采用新的能源供给方式，结合外部环境与气候特点，提高电器能效效率等。这些节能减排举措势必会为整个行业的成本带来正向影响，但由于我国建筑行业规模巨大，与碳减排相关的成本平均分摊下来对行业的整体影响微乎其微。

试想，如果你是一个地产开发商，未来在建筑材料采购、建筑施工、建筑运行环节很可能面临两个选择：一个是采购用低碳环保工艺生产的绿色水泥和绿色钢筋，采用电动热泵供暖；另一个是购买普通水泥和普通钢筋，采用传统燃煤供暖。如果采用低碳环保工艺，你需要为这些绿色材料额外支付约 20% 的"绿色成本"，然而市场上商品房的价格区间是一定的，精明的消费者很可能并不会为这些绿色材料买单，因为他们不能直观地享受到这些绿色材料带来的直接收益。这时你会怎么选？

　　市场上任何个人和企业都是理性的，"价格"是衡量一切新生事物最科学的风向标。即使绿色低碳技术研究取得了极大的进展和突破，如果没有价格优势，也不会有可见的潜在收益，那么绿色低碳技术及相关产品在未来并不会有广阔的市场空间。

　　短期来看，脱碳行动带来的"绿色成本"必然会给企业发展带来竞争劣势。对于某些难脱碳的行业领域，如钢铁行业，脱碳会使每吨钢的成本上升20%，这对钢铁企业来说影响巨大，但是对于使用零碳钢铁的汽车制造企业来说，成本增量不会超过现在的1%，对于消费者来说，1%的增量不会造成什么影响。因此，碳价和相关制度的保障对于全面推动脱碳进程至关重要。逐步建立我国的碳定价体系以及各国碳价的互联机制，可以避免相关企业在国际竞争中处于劣势。

　　在**电力行业**，与可再生能源发电成本相比，尽管当前较为成熟的煤炭市场价格体系使火电具有明显优势，但从长远来看，我国丰富的风能、太阳能资源可以使电力行业的边际减排成本降为零甚至是负值，可再生能源系统完全有能力与以传统化石能源为主体的电力系统相竞争。未来，廉价的可再生能源电力也能够推动钢铁或交通等行业以低于全球平均水平的成本实现脱碳。

要素三：政策引导

　　虽然我国已具备2060年前实现碳中和愿景的一定基础，但是由于时间紧、任务重，我国脱碳之路对行业产业结构、生产方式的调整以及社会大众生活方式的改变提出了更严苛的要求。这就**需要政府部门发挥"指挥棒"的作用，制定相应的政策去规划与监督全社会的行为，充分发挥引导、调动和约束的作用。**

对于企业而言，实现碳中和意味着越来越严格的碳排放标准和越来越高的碳排放成本，因此企业很难主动参与到实现碳中和的行动中来。同时，碳中和将对高耗能、高排放企业在发展低碳技术项目的融资方面产生较大挑战。低碳技术项目存在初期投入巨大、投资建设周期长、经济效益不确定等问题，难以得到银行、民间私募机构的青睐。因此，政府需要完善行业排放标准、建立碳税征收机制、建立健全碳排放权交易市场以及构建绿色金融体系等，实施一系列碳减排政策，为企业发展碳减排新技术提供政策上的支持与引导，助力企业尽早开展低碳转型的尝试，帮助企业降低转型成本和融资难度，降低企业应用碳减排技术的风险，从而让企业以最低的成本和风险实现低碳转型。

要素四：多边共赢

要实现碳中和目标，一方面需要国际合作与交流，另一方面还需要产业链上下游利益共同体的协同努力，从而实现互惠互利、合作共赢。

碳中和为什么需要国际合作？首先，二氧化碳等温室气体在大气层中留存的时间长且影响范围广，使实现碳中和不是某几个国家的责任，而是全球共同的责任。其次，与欧美等发达国家开展技术合作，充分利用全球绿色低碳转型的共识与契机，能够缩小我国与其他国家碳减排技术的差距，从而加速我国高耗能、高排放企业的能源转型与产业结构调整升级，促进绿色低碳技术的大规模应用与推广，实现不同国家之间在节能减排、低碳技术上的互补。

实现碳中和，产业链上下游的共同努力不可或缺。产业链上游需大力推广可再生能源对化石能源的替代，促进清洁能源结构的革新，助力能源供给侧减排；产业链下游的高耗能、高排放行业可通过全面电气化与大规模应用CCUS等技术，减少能源需求侧的碳排放。只有产业链上下游共同努力，才能实现降低碳排放量的最终目标。

> ⌀ | 举例：某汽车集团在其2050年实现碳中和的愿景中明确表示，将从供应链、生产制造、产品规划、产品使用和产品回收利用5个环节，实现产品全生命周期的碳减排。这一举措将对该汽车集团的各上游供应商提出严苛要求，它们提供的产品及服务必须满足集团的低碳减排标准，如低排放工艺生产的轮胎、绿色铝材制成的电池外壳与轮毂、绿色环保塑料内饰、大豆泡沫材料的汽车座椅、可回收动力电池、节能电动汽车设计等。

碳中和 40 年，
各行业转变路径及机遇

　　我国提出的 2060 年前实现碳中和的目标加速了对能源系统的低碳绿色转型。**能源系统分为供给侧和需求侧，在供给侧，实现电力碳中和是我国碳减排的核心**。但是很多领域的能源需求无法仅依靠电能替代实现电气化改造，例如长途交通、钢铁、化工等行业由于其生产特性，需要氢等作为燃料，因此**非电发展也是供给侧碳中和很重要的一环**。**在需求侧，依托技术改造的节能减排是核心**，尤其是碳排放量较大的行业，例如工业、交通、建筑、服务行业，这些行业的脱碳路径对我国碳减排具有重要意义，值得一探究竟。

导图：各行业转变路径导图

　　我们分别从能源供给侧和能源需求侧两个角度出发，根据行业特点和发展现状，畅想电力、非电、钢铁、水泥、化工、交通、建筑和服务行业的"零碳"未来，提出各行业具体的脱碳路径（见图 3-1）。我们认为各行业在节能减排的过程中，离不开碳的"负排放"技术的发展、碳排放交易体系的建设以及绿色金融体系的保障。因此在行业着手减排的同时要大力发展这些支撑要素。

图 3-1 碳中和全景图

资料来源：安永研究。

碳中和 40 年蓝图：行业行动指南

能源供给侧

电力碳中和

对于我国发电行业，你需要先知道这样一个数字：63.9%！[一]

这是 2019 年我国煤电发电量占总发电量的比重。你可能会好奇为什么我国煤电占比如此之高，这是由我国资源禀赋决定的，我国煤炭资源丰富、价格低，发电稳定，且前期投入少，对地理环境要求也不高。但是煤电污染严重，二氧化碳排放量大，如果继续保持煤电的主导地位，将极大阻碍我国碳中和愿景的实现。因此改变这一现状至关重要，**但是将如此巨大的一个数字在未来 40 年内降到近乎 0 是一项艰巨的挑战**，需要付出相当大的努力，电力碳中和道阻且长。

1. 发展可再生能源发电

你知道你使用的 1 度火电会产生多少碳吗？这些碳又需要多少棵树才能吸收？

2019 年的数据显示，1 度火电会排放约 838 克二氧化碳[二]，而 1 棵普通的树平均每天能吸收 5023 克二氧化碳。根据 2019 年我国火电发电量计算，5.22 万亿度电[三]将排放约 43.74 亿吨二氧化碳，也就是需要大约 24 亿棵树花费 1 年的时间才能将这些二氧化碳全部吸收完。因此，植树造林只是杯水车薪，无法解决根本问题，大力发展不会产生碳排放的可再生能源来替代传统火电才是一条标本兼治的可持续之路。

（1）可再生能源是什么

提到可再生能源，你可能会联想到绿色、低碳、环保等当下热词，能源按属性可分为可再生能源和非可再生能源。可再生能源指的是可以

[一] 英国智库 Ember 发布的《全球电力行业回顾 2020》。
[二] 中国电力企业联合会发布的《中国电力行业年度发展报告 2020》。
[三] https://data.stats.gov.cn/easyquery.htm?cn=C01&zb=A0E0H&sj=2020.

重新利用或者在短时间内可以再生的自然资源。发电用的可再生能源主要为太阳能、风能、水能、生物质能等，即太阳能发电、风电、水电、生物质发电等。

相反地，非可再生能源指随着人类的开发利用，在很长的一段时间内不能再生的自然资源。发电用的非可再生能源主要为煤炭、天然气和核能，即煤电、气电、核电（见图3-2）。

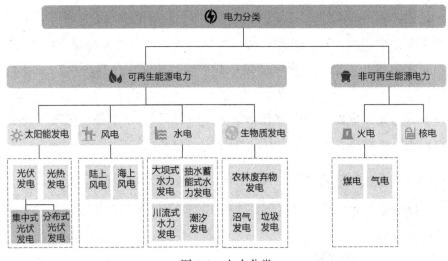

图 3-2 电力分类

资料来源：安永研究。

从2020年我国发电装机容量看，火电（煤电、气电等）仍占绝对主导地位，其次是水电、风电、太阳能发电、核电、生物质发电，可再生能源发电尚未有效发挥其天然优势。[一]

火电是通过火力发电厂将煤、石油等化石燃料的化学能转化为电能。煤电是火电的主体，但是传统的燃煤装机能耗高、污染重，生产过程中产生的大量废渣、废气造成了一系列环境污染和破坏，同时也是我国二氧化碳排放量大的主要原因。气电指使用天然气或者其他可燃气体

[一] 国家统计局发布的《2020年全国电力工业统计数据》、国家能源局发布的《2020年可再生能源发展情况总结》。

发电，我国气电项目多为调峰电站和热电联产。相较于风电、太阳能发电的迅猛发展，天然气发电在我国发展较为缓慢，气电比重仍处于较低水平。这主要是由于我国天然气资源探明率低，目前我国已超越日本成为世界第一大天然气进口国，2019 年对外依存度高达 43%，如果该比例再增长将引发能源安全问题。[○] 但不可否认的是，天然气属于灵活性最好的发电能源之一。天然气调峰电站是一种"缺电时才工作，其他时间休息"且低碳清洁的优质调峰项目，是保障电力系统安全稳定运行的重要一环。我国天然气发电以大型集中式发电为主，这些大型集中式燃气发电装机主要分布在京津、长三角、珠三角和福建地区。

水电是水能利用的一种重要方式，一般有大坝式水力发电、抽水蓄能式水力发电、川流式水力发电、潮汐发电四种类型，世界上最大的水电站就是我国的三峡水电站。我国是全球水资源最丰富的国家，2019 年我国水电累计装机容量位于世界第一。[○] 水电具有在运行中不消耗燃料，发电成本、运行管理费比煤电低的特点。此外，水电工程还具有防洪、灌溉、供水、航运、旅游等综合利用效益，因此水电发展十分重要。

风电分为陆上风电和海上风电。我国风力资源十分丰富，主要集中在东北和西北地区、青藏地区西北部以及东南沿海地区。可开发利用的风能储量为 10 亿千瓦。[○] 得益于丰富的风力资源，近年来我国风力发电规模快速增加，2020 年我国已成为累计陆上风电装机总量全球第一、累计海上风电装机总量全球第二的风电大国。[○] 风电是环保能源中技术最为成熟的一类，也是目前成本最低的环保发电方式。

○　中国石油企业协会发布的《中国油气产业发展分析与展望报告蓝皮书（2019—2020）》。

○　国务院新闻办公室发布的《新时代的中国能源发展》白皮书。

○　中国气象局.全球气候变化对中国经济发展的挑战 [EB/OL].(2011-11-04)[2021-04-29].http://www.cma.gov.cn/2011xwzx/2011qhbh/2011xdtxx/201111/t20111109_151432.html.

○　全球风能委员会发布的《2021 年全球风能报告》。

太阳能发电分为光伏发电和光热发电，目前我国提到的太阳能发电一般指光伏发电，其技术也较为成熟。光伏发电主要有集中式和分布式两种，集中式大型并网光伏电站是集中建设的大型光伏电站，直接并入公共电网，通过高压输电系统提供远距离负荷；分布式光伏发电主要利用分散的太阳能资源，因地制宜布置在用户附近，就近解决用户的用电问题，同时可将余量并入电网。我国拥有丰富的太阳能资源，主要集中在西北地区，年日照时间在 2200 小时以上的土地面积占全国土地面积的 2/3。[⊖] 目前我国光伏产业链位居全球领先地位，累计光伏装机规模排名全球第一。

核电也称核能发电，是利用铀原子核裂变时释放出的热能浇水产生的蒸汽推动蒸汽轮机进行发电。核能是一种具有高能量密度和高稳定性的清洁能源。核能发电过程中不会产生二氧化碳、二氧化硫、粉尘等有害物质。20 世纪 80 年代以来，我国开始以谨慎的态度发展自己的核电技术，目前已经是第四代核电站。2020 年我国核电发电量位列世界第二，总装机容量位列世界第三。[⊜]

生物质发电主要包括利用农林废弃物直接燃烧或气化发电、垃圾焚烧或填埋气化发电和沼气发电。生物质发电虽然不是主要的发电方式，但是它能够在提高电网灵活性方面发挥作用。我国生物质资源较为丰富，但目前生物质发电的经济性较差。

（2）我国发电侧现状与未来展望

1）发电侧碳排放形势严峻

从电力生产角度看，近年来，随着风能、太阳能等新能源快速发展，我国可再生能源发电装机占比越来越高，以煤电为主导的发电结构进一步优化。截至 2020 年底，我国发电装机总容量为 22 亿千瓦，其

⊖　能源转型委员会与落基山研究所联合发布的《中国 2050：一个全面实现现代化国家的零碳图景》。

⊜　中国核能行业协会发布的《中国核能发展报告 2021》蓝皮书。

中火电装机达12.5亿千瓦，煤电装机就有10.95亿千瓦，占22亿千瓦总装机容量的49.8%左右，历史性进入50%以内（见图3-3）。[⊖]

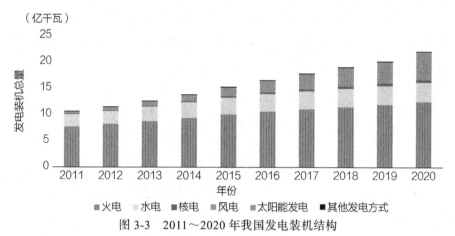

图3-3 2011～2020年我国发电装机结构

资料来源：国家能源局。

2）2060年，发电侧的"零碳"未来

2060年我国全社会用电量将达到17万亿千瓦时（见图3-4），用电量急剧增长主要是由于电力在工业部门的大规模应用、道路运输和建筑中大规模的电气化。在大规模电气化的趋势下，如果仍维持当前以火电为主的发电结构，来自电力行业的碳排放量将超过目前的两倍，阻碍我国碳中和愿景的实现，因此快速发展可再生能源发电技术至关重要。

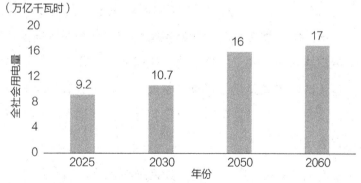

图3-4 2025～2060年我国全社会用电量预测

资料来源：全球能源互联网发展合作组织。

⊖ 国家能源局发布的《2020年全国电力工业统计数据》。

未来我国发电装机以**清洁能源装机**为主，到 2050 年我国清洁能源装机占比将达 92%，其中光伏发电和风电装机占比超过 75%，煤电装机占比达 4%。到 2060 年清洁能源装机占比将上升到 96%，光伏发电和风电装机占比可达近 80%，除调峰功能外的煤电装机基本退出（见图 3-5）。

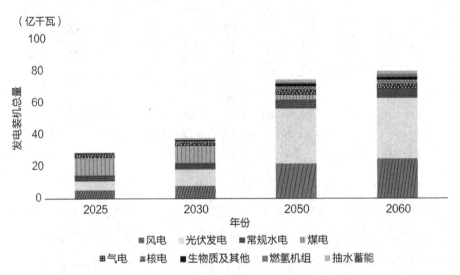

图 3-5　2025～2060 年我国发电装机总量及结构预测

资料来源：全球能源互联网发展合作组织。

为实现"30·60"目标，**需快速发展以风电、光伏发电为主的可再生能源发电技术，发挥水电的基础保障作用，减少对火电的依赖，逐步淘汰落后产能煤电，安全发展核电，通过发展抽水蓄能、气电等技术提升电网灵活性，以满足用电需求。**在这个目标下，我国风电、光伏发电、水电、核电、气电以及煤电的具体行业发展机遇有哪些？行业发展路径应该怎么走？

（3）发电侧"脱碳"行动指南：如何把握机遇，赢在未来

1）推进陆上风电外送，加强海上风电技术研发

我国风力资源十分丰富，近年来也在大力倡导和开展陆上风电与海

上风电的建设，但是随着大规模的风电建设，风电的并网和消纳问题也日益凸显，我国风电发展仍存在一些限制因素。第一，风电属于电源项目，必须集中在"三北"等风力资源丰富地区，而电源的送出和消纳必须依托电网的规划，如果电网规划不到当地，就相当于白白浪费了风电资源，因此风电消纳仍是一项重要挑战。第二，风电站开发的规划、选址、用材施工等都要符合生态环境标准，需要避让工业建筑和农村基础设施，符合噪声标准等。第三，集中式风电机组投资较大、运维技术要求高，对投资人自身实力的要求较高。第四，分散式机组规模经济效益不大，小型企业融资难，大型企业投资意愿又不强。第五，风电面临着国家补贴即将退出的巨大压力，2019年5月国家发展改革委发布《关于完善风电上网电价政策的通知》，明确2021年新核准的陆上风电项目全部平价上网，国家不再补贴。新核准海上风电项目全部通过竞争方式确定上网电价，2022年以后海上风电全部机组完成并网的，执行并网年份的指导价。

考虑到我国风能资源分布情况以及目前风电发展的限制因素，未来，**应大力开展"三北"地区大型风电基地、东南沿海海上风电基地和东中部分散式风电建设。同时，通过建设大电网，利用特高压输电线路输出电力，进一步解决大规模风电开发面临的外送和并网消纳问题，减少"弃风"现象。**

> *举例：英国目前拥有全球最大的海上风电市场，且海上风电成本呈快速下降趋势。那么是什么推动成本快速下降的呢？首先，英国凭借其成熟的海上油气行业已积累了大量的专业技术、设备和人员，海上风电产业链不断成熟；其次，英国政府长期稳定的政策扶持机制发挥了重要作用，如补贴方式的改善（采用差价合同进行政府可再生能源补贴）；最后，英国具备成熟的电力市场以及发达的金融市场、创新的投融资模式，能够有力推动海上风电产业的发展。*

为推动我国风电发展，**在政策方面**，要建立并健全后平价时期风电开发、建设和运行的有关政策，保障企业收益，推动我国风电产业持续健康发展。以海上风电为例，海上风电可以从规模化连片开发、研究具有成本竞争性的机组、利用"大云物智移"等技术提升智能化水平、融合运维等方向出发度过平价时期。**在技术方面**，要进一步推进风电技术进步和产业升级，加大风电主轴承、叶片材料、IGBT（绝缘栅双极型晶体管）等关键零部件制造技术投入，降低海上风电成本。**在风电消纳方面**，要加快特高压跨区输电通道建设，增强风电消纳能力，同时还要加快建立全国电力市场风电消纳机制，促进风电的有效利用。

2）推进光伏发电产业发展，持续降低光伏发电成本

我国在自然资源、产业产能、技术成本方面，均具备发展光伏发电的优秀能力。但是在高速发展光伏发电的同时，也要考虑到当前面临的几个限制性因素。首先，同风电一样，并网消纳问题同样也是制约光伏发电大规模发展的主要瓶颈之一，尽管近年来我国光伏消纳形势有所好转，弃电率得到有效控制。国家能源局公布的《2020年可再生能源发展情况》显示，2020年全国平均弃光率2%，光伏消纳问题较为突出的西北地区弃光率降至4.8%，同比降低1.1个百分点。但随着光伏发电大规模发展，未来消纳问题仍需重点关注，需要进一步扩展电网的光伏发电消纳空间。其次，光伏发电的开发建设与国土空间规划约束息息相关，土地制约因素较多，而且光伏发电土地使用税、耕地占用税尚没有全国统一标准，部分地区仍采用全面积征收税费，而不按照实际占地面积计算，从而导致税费居高不下，光伏发电非技术成本持续走高。

考虑到我国太阳能资源分布情况以及目前光伏发电产业的限制因素，未来，**应加快西北部地区集中式光伏发电基地和东中部地区分布式光伏发电建设**，因地制宜发展分布式光伏发电。同时，通过建设大电网，利用特高压输电线路输出电力，增加"光伏发电＋储能"配置，进一步解决大规模光伏发电面临的外送和并网消纳问题，减少"弃光"现象。

⏎│举例：德国光伏发电发展较为成熟，数据显示，天气好的情况下光伏发电在德国电力需求中的瞬时占比可高达 40%～50%。为保障光伏产业持续发展，德国制定了并网光伏电站补贴政策，并对自发自用用户也设置了可再生能源附加费缴纳标准。近年来，德国的光伏发电成本已经可以和火电形成竞争，光伏发电上网电价持续下降，德国"光伏发电＋储能"投资成本不断下降，这进一步刺激了德国市场大力发展"光伏发电＋储能"，使其走向市场化，德国复兴信贷银行就针对私人业主制定了具有吸引力的贷款条件和初始投资补贴。

为推动我国光伏发电发展，**在政策方面**，要制定并完善光伏发电并网消纳保障机制及配套政策，鼓励分布式发展和就地消纳，加强能源、国土、环保等部门政策协同，减少土地制约因素的限制，减轻电站建设相关的税费压力。**在技术方面**，要支持高效电池和高功率组件产品研发，加大先进电池技术的应用，进一步实现行业成本不断下降，加快对并网技术的研究，实施光伏供电动态化监管，解决并网逆流问题。**在电力市场方面**，在推动新增光伏发电项目参与电力市场交易时，应与全额保障性收购政策、市场化交易政策充分衔接，保障新增与存量光伏发电项目参与市场化交易的合法权益。

3）发挥水电基础保障作用，加快抽水蓄能设施建设

我国水电开发较早，已具备较高的技术成熟度、能源密度以及较优的经济性，而且由于风电和光伏发电存在间歇性特点，尚不能代替水电，同时，考虑到水电工程的综合利用效益，未来水电的发展仍是重点。但是水电的发展也面临着几个限制性因素。首先，我国当前待开发水电多集中在水资源丰富的江河上游和西藏等偏远地区，水电开发环境条件不利导致工程建设难度加大，建设成本高。其次，水电开发生态保护制约明显，水力发电工程会对周边环境生态产生不可逆转的影响，如

大坝的建设可能造成地震和山体滑坡风险加剧、水生态系统演替、渔业受到威胁、下游断流等情况的发生。同时，长期蓄水会弱化水体的自净能力，导致部分地区和下游水质恶化严重，破坏生态环境。最后，水电工程移民安置难度加大。因此，我们在建设水电工程时需要更加科学地决策和判断，要同时考虑水坝建设利弊，综合评估其对经济、社会和生态的影响。

> ⌀ | 举例：以美国胡佛水坝为例。美国胡佛水坝是建立在科罗拉多河上的世界第七大奇迹，其建立在防洪、航运、灌溉、水力发电、城市及工业供水等方面都发挥了巨大作用，但建成之后它给美国带来了重大自然灾害。科罗拉多河三角洲流域的生态环境破坏严重。海水倒流，集水区盐度提高，在科罗拉多河繁衍了200万年的弓背鲑濒临灭绝。

考虑到我国水能资源分布情况以及目前水电发展的限制因素，未来，**应推进"三江流域"大型水电基地建设，加快抽水蓄能电站的建设。由于未来我国水电开发主要集中在澜沧江、金沙江等水源头地区，这些地区是水源涵养区和重要的生态屏障，水电开发生态环境保护要求越来越高，因此我国应建立健全水电全过程环保技术体系，水电开发要与土地利用规划、环境保护规划相协调，符合电力规划，从而保障水电可持续发展。**

为推动我国水电发展，**在政策方面**，建议对西部水电开发加大减税降费力度，研究建立西部水电发展基金，深入推进水电"西电东送"战略，特别是抓紧研究和落实藏电接续外送。同时进一步完善水电开发管理、资源配置、项目核准以及人员安置相关的政策法规。**在技术方面**，不断提高水电建设技术水平，通过技术创新解决高坝筑坝、大型地下洞室施工等重大技术难题。**在电力市场方面**，要积极推进抽水蓄能电站作为独立市场主体参与电力交易，统筹推进电力中长期交易、现货市场和辅助服务市场建设，从而促进抽水蓄能电站健康有序开发，充分发挥蓄能电站的系统效益。

4）安全有序发展核电，力求降本增效

核电站的安全问题一直是限制各国核电发展的首要因素，在核电站面世的几十年里，共发生过三次严重的事故，分别是 1979 年发生在美国的三里岛核事故，1986 年发生在苏联的切尔诺贝利核事故，以及 2011 年发生在日本的福岛核事故，值得一提的是，发生这三次事故的核电站都属于第二代核电站。此外，核电具有建设技术复杂、固定成本高、单位投资造价高、投资回收期长以及安全性的问题，因此只有在较高的利用率下才能体现其经济性。目前我国核电的自主创新能力显著增强，2020 年完成华龙一号自主三代核电技术研发，我国第三代核电技术已跻身世界前列。同时，2017 年 9 月，《中华人民共和国核安全法》的颁布实施，也为我国核电安全发展提供了法律保障。

考虑到核电的安全性问题，未来，应**在兼顾安全性和经济性的条件下合理布局沿海核电，对核电厂址进行保护性开发。在加快沿海核电发展同时，考虑内陆核电开发。**

为推动我国核电发展，**在政策方面**，不断完善核电发展环境，健全我国的核安全法规体系。**在技术方面**，尽快建立具有较强创新能力的核电科技研发体系，加大对第四代核能系统的研发，进一步提高我国核电机组的安全技术水平和极端灾害应对能力，加强关键技术、核心部件攻关。**在电力市场方面**，一方面，推动核电适度、有序参与电力市场的竞争，促进核电的跨区消纳。另一方面，加大核电的科普宣传力度，引导社会舆论，转变社会大众"恐核、惧核"心理，同时提高核电建设透明度，让社会大众更理性地理解和支持核电建设。

5）发挥气电灵活性调节作用

燃气机组凭借其启停速度快、调节能力强的优势成为保证电力系统灵活性不可少的调峰电源。但是气电的发展也有几个限制因素，首先，气电建设成本较高，我国天然气资源具有依赖进口的惯性，且燃气机组的备配备件和维修维护费用高昂，与其他能源相比成本竞争性优势不足。其次，我国几乎所有已建和在建的天然气发电机组均来自国外企业，本土对燃机核心技术尚未完全掌握。

考虑到我国气电的特性及发展的限制因素，未来，**应充分发挥气电的灵活调节作用，在西气东输气源基地配套输气管网、建设调峰电站，同时在工业园区、城市负荷中心等地开展分布式燃机项目的建设。**

为推动我国气电发展，**在政策方面**，通过制定自主核心技术补贴、市场价格机制、税收优惠等财政、税收、价格、市场政策为气电技术研发提供政策保障，鼓励天然气发电行业健康发展。**在技术方面**，加快对燃气机组关键技术的研究，提升燃气机组国产化水平，打破国外设备厂商垄断，促使设备购置和维修成本降低。**在市场方面**，完善电力市场和天然气市场机制，通过结合电力交易曲线和天然气供给特点，实现两个市场的协同，同时健全辅助服务市场。

6）三大措施并举，煤电逐步退出发电主导地位

传统的燃煤装机能耗高、污染重，生产过程中产生的大量废渣、废气造成了一系列环境污染和破坏，也是我国二氧化碳排放量大的主要原因。那为什么煤电机组污染这么高，但仍承担着我国发电装机"中流砥柱"的作用呢？

有三方面原因：首先，**从供电稳定性角度看**，煤电的稳定性是其他能源远不能及的。电力的供需需要实时平衡，在无风无水无光的情况下，煤电具有优异的调峰平谷性能，因此电力调控系统可以通过实时调度煤电厂发电机组的发电量来维持系统的稳定，确保满足千家万户的实时用电需求，不会出现"美国得州大停电"的情况。其次，**从成本效益角度看**，煤电机组度电成本最低，具有较大的成本优势。最后，**从资源禀赋角度看**，我国的煤炭品质相对优异、燃烧效率高，因此以煤电支持

我国的电力需求增长是必然需求。

那么在碳中和愿景下，煤电是否需要完全退出历史舞台？目前做结论为时尚早。未来，以风电和光伏发电为主导的电力系统，由于发电存在间歇性的特点，因此在部分特定时段无法满足用电需求，此时仍需要运行煤电机组提供足够供给。虽然对已有资产的利用率相对低下可能会导致未来煤电电价较高，但是煤电依然是保障电力系统稳定性的最佳选择。

> 举例：德国是欧洲发展新能源的领先者，决定于 2038 年完全退出煤电。2021 年 1 月德国退煤计划启动，关停 630 万千瓦的煤电机组。然而由于寒潮和风电出力低的影响，德国 2021 年第一季度的现货电价出现飙升，几度过百欧元，月均电价为四年来最高。同时由于电力短缺，原本关停的煤电机组又重新启动，造成第一季度煤炭发电量同比增长 30%，适得其反。[⊖] 此外，随着煤电装机减少和 2022 年完全弃核，德国很有可能从电力输出国转变为电力进口国。德国的不当退煤规划一方面会产生缺电风险，另一方面会造成电费大幅上涨，使家庭和企业无法负担。因此我国应吸取德国的经验教训，在大比例减少煤电甚至完全退出的过程中要注意防范电力短缺和电价上涨失控的风险。

为响应 "30·60" 目标，提升可再生能源发电占比，需要煤电逐步退出发电主导地位，煤电厂可考虑从以下三方面开展改造。

① 逐步淘汰落后产能煤电

为加快煤电高效低碳转型，逐步**淘汰关停一批容量小、效率低、煤耗高、役龄长的落后机组**，我国相继颁布多项政策。国家发展改革委、

⊖　南方能源观察. 退煤又弃核，德国面临缺电风险 [EB/OL]. (2021-04-21) [2021-04-29]. https://power.in-en.com/html/power-2386699.shtml.

国家能源局 2016 年 4 月发布的《关于进一步做好煤电行业淘汰落后产能工作的通知》中制定了具体的淘汰标准，包括单机 5 万千瓦及以下的纯凝煤电机组、改造后供电煤耗仍达不到《常规燃煤发电机组单位产品能源消耗限额》规定的机组［不含超（超）临界机组］、污染物排放不符合国家环保要求且不实施环保改造的煤电机组等。同时在《关于促进我国煤电有序发展的通知》中规定，电力冗余省份要对现有纳入规划及核准（在建）煤电项目（不含革命老区和集中连片贫困地区煤电项目）采取**"取消一批、缓核一批、缓建一批"**等措施，适当放缓煤电项目建设速度。2016 年 12 月发布的《电力发展"十三五"规划》中提出了更为明确的目标，指出要严格控制煤电规划建设，到 2020 年，全国煤电装机力争控制在 11 亿千瓦以内，力争淘汰落后煤电机组 2000 万千瓦以上。2019 年我国已提前完成"十三五"期间淘汰落后的煤电机组 2000 万千瓦这一任务。

② 开展煤电灵活性改造

一般来讲，煤电灵活性改造即提升煤电厂的运行灵活性。**煤电灵活性改造对我国至关重要，这是因为煤电具有较好的调峰性能，可以与我国新能源发展在一定程度上相辅相成**，是支持和推动可再生能源电力加速发展的保障。调峰是指在用电高峰时，由于电网超负荷，为满足用电需求，投入在正常运行以外的发电机组。这些用于调节用电高峰的发电机组称为调峰机组。由于可再生能源发电受环境因素影响，例如太阳能、风能具有间歇性特点，受天气影响较大，存在不确定性，因此在部分特定时段需要运行煤电机组来满足需求。同时随着可再生能源发电占比逐渐扩大，对调峰电源的需求也逐渐提高，需要调节性高、灵活性强的发电手段，而我国作为以煤电为主的一次能源使用国家，对煤电的灵活性改造自然成了首选，这也就是我国要推进煤电灵活性改造的原因所在。煤电灵活性改造包括增强机组调峰能力、提升机组爬坡速度、缩短机组启停时间、增强燃料灵活性、实现热电解耦运行等。

目前**我国煤电富余而灵活性不足**，让煤电厂由电力提供商转变为服务提供商道阻且长，因为这不仅意味着承担我国发电基荷的煤电厂发电量大幅度下降，收益减少，还意味着 60～120 元 / 千瓦的改造费用，以及频繁启用和停用机组加速设备的折旧。

我国煤电灵活性改造除了在技术层面发力，更有效的手段是完善电力市场。因为在完善的市场环境下，煤电调峰电价较高，通常为常规电价的数倍，这在很大程度上会刺激煤电厂进行灵活性改造，用调峰收益弥补煤电厂因为灵活性改造付出的成本。

③ 利用 CCUS 技术减少煤电碳排放

煤电厂采用 CCUS 技术，就是对电厂进行改造，增加捕集装置捕集煤炭燃烧后尾气中的二氧化碳，然后运输至适宜的封存场地，进行地质封存与利用。煤电厂主要有三种不同的捕集系统：燃烧后捕集、燃烧前捕集和富氧燃烧捕集。

目前 CCUS 技术在国内外均处于研究和实验阶段，这是因为 CCUS 技术存在成本高、能耗高、二氧化碳长期封存的安全性和可靠性问题。举个例子，如果煤电厂采用燃烧后捕集系统，那么其在进行二氧化碳捕集的过程中会消耗大量的电，为了保持原电力输出不变，其势必需要更大的煤电装机容量，但是更大的装机容量又会增加二氧化碳的排放，因此最终采用 CCUS 技术捕集的二氧化碳量会小于实际上减排的二氧化碳量，也就是说要以增加二氧化碳排放量为代价捕集原装机容量下排放的二氧化碳，并且 CCUS 技术的投资成本也很高。二氧化碳封存系统也较为复杂，就好比在封存地建设一座长期有人运行管理并配备注入和监测设施的油井或天然气井。因此，采用 CCUS 技术很重要的一点是寻求成本和效益的平衡，努力降低成本和能耗，确保其长期安全可靠，同时探索工艺和商业模式的创新，发挥固碳循环利用的经济效益，使 CCS（碳捕集与封存，carbon capture and storage）/CCUS 技术尽快进入商业化阶段。

利用 CCUS 技术改造煤电厂是实现煤电碳中和的"最后一步路"。由于 CCUS 技术发展存在诸多阻碍因素，要想实现大规模产业化，需要国家层面和企业层面的共同努力。国家层面应给予发展 CCUS 技术的煤电企业更大力度的政策支持，如设置相关示范项目基金、降低融资负担、鼓励企业和研究机构大力开展技术研发，通过设置示范项目不断积累和提升 CCUS 技术与产业竞争力等，我国目前已开展多个示范项目。煤电企业也可与研究机构达成深度合作协议，建立具备国际竞争力的技术体系。

2. 构建新型电力系统

在碳中和愿景下，可再生能源将是发电的主力军，但是用可再生能源发出的电还面临传输、使用等问题。现有电力系统已无法适应大规模可再生能源发电的接入，难以满足新形势下的电网运行需求，因此需要构建新型电力系统以保障高比例可再生能源的并网和消纳，从而实现打造清洁低碳安全高效的能源体系。那么究竟什么是新型电力系统呢？构建新型电力系统又需要具体做什么呢？

（1）什么是新型电力系统

什么是新型电力系统，它和传统的电力系统又有什么区别？**新型电力系统体现在"能源新""技术新""价值新"和"数字化"上。新型电力系统是以新能源为主体的电力系统**，新能源主要是指风能和太阳能。以新能源为主体的新型电力系统就是以新的电力技术体系为支撑，具备承载高比例的新能源发电、消纳和存储能力，同时能够确保电力稳定供应的系统。该系统的建立全面支撑电力行业碳中和目标的实现。

传统电力系统的模式是"源随荷动"，也就是发电跟着用电走。我国发电侧目前以火力发电为主，火电可以进行较为精准的控制，对于用电侧，虽然无法自由控制用户用电量，但传统的电力系统可以根据日积月累的经验、数据分析、节假日及不同季节负荷的特征、天气预报等对第二天的用电情况进行较为准确的预测，通过一个较为精准的发电系统去匹配一个基本可测的用电系统，并在运行过程中滚动调节，实现电力系统安全可靠运行。但是当大规模的新能源接入，由于风电、光伏发电受天气影响显著，导致发电随机性大，不确定性程度高，而且我国用电需求具有冬、夏"双峰"，且峰谷差不断扩大的特点，因此发电侧无法按需控制发电量。同时，随着用电侧大规模的分布式新能源接入，用电负荷预测的准确性也受到了很大的影响，这使发电侧和用电侧均不可控。

为了适应新形势下新能源并网和消纳，源网荷储各环节建设和运营成本也要同步增加。在新形势下，电力系统的稳定性和安全性面临严峻的挑战，若沿用传统电网模式，将无法满足高比例可再生能源电网的运行需求。通过构建新型电力系统可以有效解决清洁发展与电网安全之间的矛盾、清洁发展与电力稳定可靠保障之间的矛盾，以及清洁发展与系统成本之间的矛盾，这些矛盾也是实现电力碳中和必须破解的难题。

随着新一代信息技术的发展，新型电力系统的源网荷储各环节也将受到新技术和商业模式变革的影响。那么**新型电力系统具体是怎样的**？**电源侧**将呈现以新能源为主体，"风光水火储"多能互补，集中式与分布式电源并举的态势，进行煤电灵活性改造与调峰气电的建设；**电网侧**将呈现特高压交直流远距离输电、主干网与微电网互动的态势。**调度侧**通过构建主动防御、智能决策的新一代调控体系，支撑大电网监控预警和分析决策；**用户侧**主要是发挥需求响应机制的作用，引导用户合理用能；**储能侧**则要加快抽水蓄能电站建设，大力发展氢储能和电化学储能，推动新型储能发展，推广"新能源 + 储能""微电网 + 储能"等多种模式的运用（见图 3-6）。

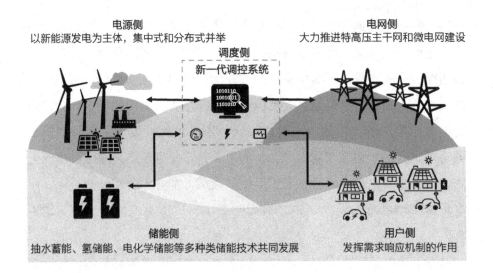

图 3-6　新型电力系统

资料来源：安永研究。

新型电力系统具备什么特征？可以用广泛连接、智能互动、灵活柔性和安全可控来概括。通过与先进信息通信技术结合，新型电力系统能够实现更高的数字化水平，由传统电力系统的部分感知、单向控制、计划为主转变为高度感知、双向互动、智能高效。新型电力系统将通过大范围部署小微传感、智能终端和智能网关，以及运用数字技术持续提升其互联和感知能力；通过电网数字孪生建设，实现电网状态、设备状态、交易状态、管理状态的全透明；同时，利用大数据技术对海量信息进行分析和挖掘，通过人工智能技术提升电网的智能分析和决策水平，增强电力系统调节能力；还可以基于数字化技术分析用户的用电习惯，挖掘用户的节能潜力，促进能源消费向多种能源融合、主动参与的方向转变，推动电动汽车、电能替代、综合能源服务等的发展。新型电力系统与传统电力系统对比如图 3-7 所示。

那么，在新型电力系统的建设过程中有哪些关键？首先，新型电力系统要能全力支撑新能源规模化发展、并网与消纳。其次，新型电力系统要具备强大的安全防御体系和灵活柔性的调节能力，防止类似"美国得州大停电"事故的发生，保障电网安全。最后，新型电力系统要能够真正实现价值创造，实现面向经济社会、人民生活、企业的价值共享。

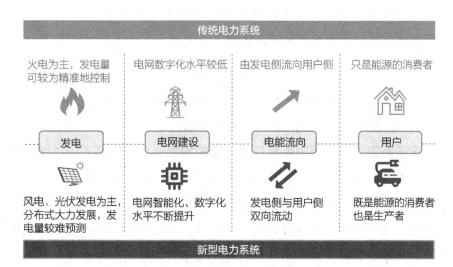

图 3-7 新型电力系统与传统电力系统对比

资料来源：安永研究。

举例：2021年2月，在遭遇极寒天气后，美国得州出现了大规模的停电，400万户人家在天寒地冻时无电可用，两个月后得州现货电价一度飙涨3300%。

得州被称为美国的电力工厂，是美国著名的发电重地，其风电发电量高居全美第二。那么为什么会出现无电可用的局面？直接原因是极寒天气引发得州的第一大电源——天然气发电机组出力不足，以及第二大电源——风电机组被"冻结"。近年来天然气、风力、太阳能成为得州发电主力军，火力发电占比逐渐下降，但是得州电力系统的储能和灵活性调节能力未能跟上其向绿色能源转型的步伐，因此在面对极端天气，可再生能源发电失灵时，便无计可施。还有一个原因是得州的电网系统独立，没有与外州进行交流互联，因此无法向外界求援及时获取电力调补。

　　得州的案例充分说明了在可再生能源大规模接入电力系统时，电力系统具备灵活调节能力的重要性，也对我国建立以新能源为主体的新型电力系统提供了一定警示。

（2）新型电力系统发展行动指南：如何把握机遇，赢在未来

1）多能互补的发电形式，电网配套支撑上网

　　未来新型电力系统将形成以风光新能源发电为主，风光水火储多能互补的态势，这样可以保证高质量的电力供应，提高供电可靠性，减少断电风险。结合我国各地区的资源分布情况、能源需求特点、土地建设条件等，未来我国将在西部和北部地区开展大型风电、光伏发电基地建设，在东中部地区开展分布式光伏电站建设，在东南沿海地区开展海上风电基地建设，统一规划，推进海上风电集中连片规模化开发，并保障新能源能够及时并网和消纳。同时积极开展煤电灵活性改造，发展气电，大力发展氢储能、电化学储能和抽水蓄能，为新型电力系统提供灵活性保证。

2）大力推进主干网和微电网建设，提升数字化水平

　　我国能源和负荷中心呈天然逆向分布的特点。详细来说，从电力供给角度，我国76%的煤炭、80%的风能、90%的太阳能分布在西部和北部，80%的水能分布在西南部，然而从电力需求来看，70%以上的电力消费集中在东中部地区，因此能源富集地区距离东中部电力需求中心1000～4000千米。[⊖]

　　针对这种资源分布特点，我们需要科学规划、加快建设以新能源为主的电力输送通道，促进高比例新能源的消纳。以发展特高压主干网和

⊖　李文华. 独家揭秘中国特高压前世今生 [N]. 中国电力报，2021-03-30.

微电网为核心的电网布局可以实现新能源按资源分布因地制宜地接入。在跨省跨区主干网方面，利用特高压电网可以实现我国能源资源的远距离输送，改变我国电力供应依靠就地平衡的发展格局，实现我国能源资源的大范围优化配置，同时促进我国能源大规模开发、大范围消纳。在配网方面，提升配网新能源消纳能力，通过交直流混合柔性配电网、电化学储能、有序充电等技术加强配电网互联互通和智能控制能力。微电网作为提高供电可靠性和促进分布式电源并网的重要解决方案，将在工业园区、偏远地区等地成为使用热点。

此外，提升电网的智能化水平也是新型电力系统建设的重点。通过大数据、区块链、5G、物联网、数字孪生新一代信息技术的运用，广泛布局智能传感器、智能网关，提升智能采集感知能力，可以有效提升电网控制水平和实时交互水平，让电网"更聪明"。

① 特高压是我国能源运输"主干道"

特高压已成为我国"西电东送、北电南供、水火互济、风光互补"的能源运输"主干道"。建设特高压电网能够解决长期困扰我国的煤电运输问题。长期以来，大规模、长距离输煤是我国能源资源配置的主要方式，而煤炭的运力瓶颈制约了煤电供应。通过发展特高压，将运煤变为了运电。2019年，我国特高压电网输送电量4500亿千瓦时，其中火电2200亿千瓦时，相当于从空中输送约1亿吨煤炭。此外，特高压能够推动西部和北部地区清洁能源的大规模开发利用，加快我国能源结构朝着绿色低碳转型。作为世界上首条以输送新能源为主的大通道，青海至河南特高压直流工程每年可向中部地区输送400亿千瓦时清洁电力，相当于每年减排二氧化碳3000万吨。[⊖]

特高压电网包括特高压交流输电和特高压直流输电两种形式，具有大容量、远距离、低损耗、占用土地少的特点。特高压交流和直流只

⊖ 刘振亚.这项处于世界引领地位的原创技术，对碳达峰和碳中和意义何在[G].瞭望，2021-03-15.

是功能不同，并没有优劣之分，缺一不可，如果只发展直流而不发展交流，很容易造成由于交流故障导致直流系统换相失败，甚至造成多条直流同时故障导致大面积停电事故的发生。

截至 2020 年底，我国已建成"14 交 16 直"特高压工程，在建"2 交 3 直"特高压工程，共计 35 个。在运在建特高压线路总长度为 4.8 万千米。⊖跨省跨区输电能力达 1.4 亿千瓦，累计送电量超过 2.5 万亿千瓦时。目前我国已全面掌握了具备自主知识产权的特高压核心技术和全套的技术装备制造能力，并制定了全球首个具有完全自主知识产权的特高压技术标准体系，占据世界领先地位。⊜

以特高压电网为引领，推动我国碳减排主要分为三个阶段。第一阶段：2025 年前，加快西部清洁能源基地特高压外送通道和东部、西部特高压交流骨干网架建设。第二阶段：2035 年前，形成东部、西部两个特高压交流同步电网，扩大"西电东送"特高压直流通道规模，提高清洁能源和电能占比。第三阶段：2050 年前，进一步完善东部、西部特高压交直流骨干网架，全面建成中国能源互联网，实现能源发展方式的根本转变。⊕

② 积极推动智能化微电网发展

微电网"微"在哪里？与目前我们使用的普通电网有什么不同？我们可以简单地将微电网理解为一套简单的"独立小电网"，麻雀虽小但五脏俱全。它是一个包括分布式电源、集控中心、用户负荷、储能设备的小型发配电网络。微电网通过推动分布式电源、多种用能终端、储能设备等之间聚合互动，能够实现需求侧的源网荷储一体化。

微电网作为一套独立的电力运行系统，一方面，能够通过多能互补

⊖　李文华.独家揭秘中国特高压前世今生 [N].中国电力报，2021-03-30.

⊜　刘振亚.这项处于世界引领地位的原创技术，对碳达峰和碳中和意义何在 [G].瞭望，2021-03-15.

⊕　刘振亚.这项处于世界引领地位的原创技术，对碳达峰和碳中和意义何在 [G].瞭望，2021-03-15.

的形式发电供区域内用户使用；另一方面，通过与集中式大电网连接，当区域用电负荷超出微电网供电量时，可以从大电网上获取电力，反之，可以将多余的电力出售给外部电网，减轻外部电网压力并获取收益。

微电网既可与大电网并网运行，也可脱离大电网运行，即孤网运行。微电网的作用在于，当大电网出现故障时，它能保证内部供电，提高供电稳定性和可靠性，并在一定程度上缓解大电网供电压力。例如，当发生灾害时，通过组建微电网可以快速恢复灾后供电系统，提高电网整体的抗灾害能力与应急供电能力。同时，微电网为分布式发电的消纳提供了经济高效的解决方案，能够将各种新能源发电集成，形成多能互补的发电模式。分布式发电主要利用太阳能、风能等资源满足小范围的供电需求，微电网有利于清洁能源的就地生产和消纳。此外，微电网还可以满足用户的个性化需求。

目前我国微电网应用主要处于试验和示范阶段，微电网的应用场景多样，主要包括：城市片区微电网，能够为用户提供更高质量的电能，缓解大电网压力；工商业微电网，主要用于对供电可靠性和质量要求较高的区域，比如学校、工厂、公寓、商场等；以及偏远地区的微电网，在大电网无法触及的地方，例如偏僻的岛屿，可以利用分布式能源微电网解决当地的用电问题。

但是微电网的发展存在多种制约因素。首先，微电网开发成本较高，存在获得收益难的问题。具体来说，当前微电网技术成本主要为分布式电源及相关供电技术成本，但由于储能在微电网系统中占比较大，因此储能成本也较高，同时开发孤网运行及优化微电网的技术成本也不容小觑。其次，电力市场机制不健全导致微电网无法通过灵活的技术优势在市场中获得经济效益，而且，对于中心城市，大电网已经能够提供充足的电力，并且供电质量较高，市场竞争优势显著，而微电网的优势不能有很好的体现，会受到一定的限制。最后，我国微电网还缺乏先进的技术支持，难以实现产业化，这也在一定程度上限制了微电网的发展。

随着电力设备逐渐朝着智能化、安全化的方向发展，未来微电网也将朝着智能化的方向发展。未来要通过先进的信息技术对微电网进行有效控制，利用测量和传感技术对微电网进行有效监测，获取实时数据并进行分析，预测用户用电习惯，优化运行方式，合理分配电力，提升微电网效率，实现数字化、信息化、自动化的微电网建设。此外，还要因地制宜地建设并网型、孤网型微电网，不能盲目开发微电网的孤网运行能力。

为推动智能微电网的建设，**在政策方面**，继续鼓励微电网示范项目的建设和加大政策补贴力度，形成示范效应，同时加快构建和完善微电网的标准体系。**在技术方面**，孤网运行是微电网的一大特点，但是孤网运行的技术成本不容忽视，如果外部配网的供电可靠性足够高，那么用户很有可能不愿意为孤网运行买单，因此，发展孤网运行能力要从用户需求和外部条件的角度出发，同时考虑外部电网可靠性、内部供电需求、电力接入收费水平以及微电网实现孤网运行能力的技术成本等，不能盲目地开发微电网的孤网运行能力。同时，要大力发展微电网运行控制技术和微电网保护技术，通过数字技术加持，构建数字化和柔性化智能微电网，从而提升对分布式电源的承载能力。**在市场方面**，探索微电网的服务补偿机制，鼓励微电网作为独立辅助服务提供商参与市场交易。

3）推进新一代调控系统建设

随着我国大电网的建设步伐加快，新能源和分布式电源的快速发展，特高压交直流电网和微电网的广泛接入，电源结构、电网格局和电网运行状态都已发生了显著的变化，对电网的安全管控提出了新的挑战。首先，调度控制对象呈海量增长态势，控制对象从以源为重点扩展到源网荷储各环节。其次，由于新能源装机容量的快速增长和跨区输电规模的扩大，系统稳定策略的适应性变差，容易产生故障，传统的继电保护器无法更好地发挥作用。最后，对通信系统或软件程序的功能也提出了新的要求，一旦这些系统或软件发生故障，电网运行将面临严重的安全风险。因此亟须建立具备全网范围精益化调度控制和决策支撑能力的新一代调控系统。

新一代调控系统是依托先进的信息通信技术、测量技术、大数据、物联网、5G、人工智能等，全面覆盖发电侧、电网侧、用电侧和储能侧各环节，并且能够高速、智能、敏捷感知的电网中枢神经系统。

新一代调控系统可以根据电网外部环境信息和未来趋势预测，通过全景监控和控制策略评估，实现电网运行的智能调整；通过精细化调控，实现电力电量的全局平衡和超前部署；通过对电网事故进行预判和预控，保障电网安全，防范电网故障。比如，新一代调控系统根据对各电站以及电网网架运行情况的监控，对电网运行安全性进行评估打分，锁定安全性较差的电网并分析原因、采取措施，能够起到预控的作用。如果发生例如电网信号中断、电缆被破坏等故障，调控系统都能及时感知，收到报警信号，从而及时安排工作人员进行维修。

> ✍ | 举例：国家电网目前已建成 D5000 智能调度控制系统，并在省级以上调控机构全部部署，实现广域监视、智能警告、自动控制、在线分析、计划协同等实用功能的广泛应用，提升大电网的监视和控制能力。[⊖]

为推动我国新一代调控技术的发展，首先，要聚焦一系列关键技术，包括仿真分析、在线状态感知技术，并研究适应电网特性的继电保护新原理，加强信息共享，为大电网全景监控、全局分析和决策等提供基础保障。其次，通过运用云计算、大数据、5G、人工智能等信息技术，构建由数据和模型驱动、由运行控制平台和云计算平台支撑的调度

⊖　2020 年继电保护技术论坛：大电网运行控制与新一代二次系统报告。

自动化系统。而且通过数据在线智能响应和趋势分析，实现对电网运行状态的准确判断和预测等，提升电网优化决策能力，预测电网存在的薄弱环节和潜在风险，保障电网安全，不断提升电网调节能力。此外，要加强电力调度的监管，增加量化考核机制，保障电网安全可靠运行。最后，建立主动安全防护体系。随着源网荷储的深度协同，调度量变得大而广，带来更复杂的安全性问题，因此在进行负荷调度时要做好安全防护工作。

4）发挥用户侧需求响应作用

电力需求响应是指电力用户根据分时电价等价格信号或资金补贴等激励措施，主动调整其用电活动，减少（增加）用电，以促进电力供需平衡，保障系统稳定运行的行为。因此电力需求响应策略分为基于价格的和基于激励的。我国目前基于价格的电力需求响应策略主要包括分时电价、阶梯电价和尖峰电价。基于激励的电力需求响应策略则是通过事先签订用户协议调整电力负荷，主要有可中断负荷和直接控制负荷。

实施需求响应有什么好处呢？ 实施需求响应的初期，主要是为了应对夏季用电高峰时段电力紧张的情况。但随着我国可再生能源发电占比的提高，需求响应除了优化电能资源配置外，还能够参与系统调度、调峰、调频等，从而推动分布式、可再生能源的大规模发展，进一步提高电力系统的可靠性和调节性。以浙江省为例，2020 年浙江省通过工厂、商场、电动汽车充电设施等电力用户参与需求调节，运用市场手段汇聚了 577 万千瓦削峰负荷、322 万千瓦填谷负荷的"资源池"，实现削峰填谷。折算成经济价值，这相当于少建一座 500 万千瓦级的大型电站。⊖

我国开展需求响应时间较短，于 2012 年开始进行科学实证。但随

⊖ 陈丽莎.国网浙江电力发布高弹性电网需求响应三年行动计划 [N].国家电网报，2021-03-16.

着实施需求响应带来的积极影响不断扩大，越来越多的地区加入到探索需求响应的队列中来，这些地区陆续开展削峰填谷、促进可再生能源消纳、调动储能参与等需求响应实施工作，如山东等地通过需求响应解决夏冬两峰的电网平衡问题，新疆等地通过需求响应促进新能源消纳，浙江等地重点解决局部受限问题。在需求响应价格补偿机制方面，目前我国主要采用固定补贴价格和动态补贴系数的形式，补贴资金主要来自政府，但随着市场化程度的提升，补贴来源呈现多样化的趋势。响应机制方面也呈现出了新的特点，各地积极逐步探索电力需求响应的市场化交易机制，浙江、山东等地将电力需求响应资源纳入电力现货市场的交易范畴，冀北则将电力需求响应纳入华北调峰辅助服务市场。

目前我国需求响应也面临着诸多挑战，首先是补贴政策的范围和规模有限，难以激发电力需求响应规模。其次是开展需求响应需要对终端用户设备进行改造升级，而终端用户设备缺乏统一标准，并且需求响应效果的评价标准也尚未建立，难以支撑未来大规模电力需求响应。我国电力市场建设还处在初级阶段，现货市场、辅助服务市场的建设仍在探索，当前需求侧尚未被视为同发电侧对等的市场主体，难以进入市场进行交易。

为了更好地推动我国需求响应的发展，**在政策方面**，完善需求响应激励机制，设立专项基金，明确政府、电力企业、用户多方的责任。鼓励用户绿色用能，引导用户合理用电。**在技术方面**，通过广泛部署数据采集终端，提高需求侧的大数据分析能力，并且建立相关行业技术标准。**在市场方面**，良好的市场机制是需求响应融入市场、参与电力系统运行的基础，因此需要建立并完善需求响应市场运营机制，明确各需求响应主体的角色定位以及盈利方式，运用市场价格影响需求的时间和水平。

5）构建电力市场体系

新能源发电占比快速提高，给电网安全稳定运行和新能源的消纳带来了巨大的挑战，同时对电力市场深化建设提出了更高的要求。首先，常规能源大量被新能源代替给电力系统调峰、调频带来了很大压力，需要建立合理的辅助服务费用分摊机制和成本补偿机制，调动各类电源和用户的积极性，保障电网安全。其次，由于风电等新能源发电的强随机性、波动性和间歇性的特点，电力供应保障难度加大，需研究如何建立日前交易调整和补偿机制，确保在日前和实时运行中为新能源发电留足消纳空间。再次，由于我国能源和负荷特性对跨区通道的建设与运行提出迫切需求，因此需要进一步研究如何完善跨区跨省交易机制，保障可再生能源的充分消纳。同时需要研究可再生能源的优先发电权、中长期交易及消纳责任权重等相关问题。此外，针对部分发电机组无法在市场交易中获利的情形，研究建立收益调整机制，以保障各方利益和电网安全运行。最后，新能源的充分消纳需要建立容量市场，容量市场不是独立的市场，是对电量市场的补充，容量市场主要是为了保证可靠的发电机组能够回收在不确定性较高的能量市场和辅助服务市场不能完全回收的成本，是一种经济激励制度，保证在用电高峰时有足够的发电容量冗余。容量市场在解决发电资产搁浅、无序竞争、中长期供给问题方面都发挥着巨大的作用，能够保障常规发电机组的投资。

在保障电网安全运行的前提下，应充分激发市场竞争活力，构建具有中国特色的电力市场体系。首先，要完善适应新型电力系统特点的电力市场顶层设计，明确省间、省内交易定位。随着跨省跨区骨干电网、区域内电网、配网、微电网多层次电网体系的建成，需要相应形成更大范围的多层次电力交易平台，促进大范围的资源优化配置和电力消纳。同时，要推进多种能源类型的竞争性电力市场建设，研究相应机制保障可再生能源优先并网。其次，利用市场发现价格、以价格引导电力资源配置的手段，实现发电侧和用电侧资源最优配置。此外，要完善电力辅助服务市场，引导更多主体参与辅助服务市场，保持对服务参与者的经济吸引力，提高电网灵活性。最后，选择具备一定经济条件、市场化程度高的地区，作为先行试点建立容量市场，引入容量电价，通过差异化的容量电价解决不同电源类型的投资差异问题，化解新能源与煤电争夺电力市场份额的矛盾。

3. 大力发展储能技术

在新型电力系统中，储能技术的作用不容小觑。关于储能技术，我们或许听过蓄电池、抽水蓄能电站等词，除此之外，储能技术还包括很多，是一个庞大的家族，各有优缺点且适用场景不同。那么储能技术到底有哪些，又如何在电力系统中发挥作用呢？

（1）什么是储能技术

储能就好比在银行存钱，在不需要过多现金的时候，将其存在银行账户中，需要的时候再取出。同理，电量也是一样，通过储能技术可以在用电低谷时存储电量，在用电高峰时释放电量。储能技术是一种能够达到削峰填谷、平衡供需的技术，将发电与用电从时间和空间维度分隔开，发出的电不再需要即时传输，用电和发电也不再需要实时平衡。以"靠天吃饭"的太阳能发电为例，晚间太阳能资源大大减少，但用电需求却迎来晚高峰，使需求大于供给，此时借助储能技术放电，可以满足晚高峰用电需求。

为什么要大力发展储能？ 随着大规模集中式和分布式可再生能源电站的持续建设，电力系统的负荷波动不断变大，对调节能力的需求也随之增强，利用储能系统可将风电和光伏发电互补后的电力出力（电力出力指发电站输出的功率）波动由 12%~30% 降至 3%，与火电出力波动无异。[⊖] 前文也提到风电和光伏发电的并网与消纳已经成为制约我国风电和光伏发电持续发展的主要瓶颈之一，大规模储能系统可有效解决这一难题。以风电为例，一方面由于我国风电资源和负荷中心呈逆向分

⊖　国家能源局. 风电受限呼唤储能技术发展 [EB/OL].(2012-07-02)[2021-04-29].
http://www.nea.gov.cn/2012-07/02/c_131689498.htm.

布，风电资源需要通过远距离高压线路传输到负荷中心，也就是说风电必须并网，而储能系统恰好可将风电"拼接"起来。另一方面储能也有利于风电的就地消纳，这可以通过在大型风电基地附近布局供热、高耗能产业实现。

从整个电力系统出发，储能技术的**应用场景**可以分为电源侧、电网侧和用户侧。在**电源侧**，储能技术可以根据电力需求的特点、市场价格等因素调节可再生能源电厂出力，减少"弃风、弃光"现象，同时还可以调节可再生能源发电的波动，改善电能质量；在**电网侧**，储能技术可以发挥其削峰填谷、平衡供需的作用，在一定程度上改进电力调度方式，促进可再生能源和电网的协调优化；在**用户侧**，储能技术有助于降低度电电费和容量电费，提高分布式可再生能源发电就地消纳的比例，同时提高供电可靠性。以电化学储能为例，当配网出现故障时，电池可以作为备用电源为用户提供电能；在提升电网调峰能力时，电池可以根据发电和用电情况及时响应调度指令，改变其出力水平；电池还可以利用峰谷电价的差价为用户节省开支（电费一般按高峰用电和低谷用电分别计算，高峰时电价较高，低谷时电价较低，利用电池放电可以抵消掉在用电高峰时从电网上取得的一部分功率，因此可以节省电费）。

储能技术主要分为机械储能、电磁储能、电化学储能和氢储能，不同储能技术有各自的优缺点。

机械储能也叫物理储能，主要包括抽水蓄能、飞轮储能和压缩空气储能三种方式。抽水蓄能是指在用电低谷时利用过剩电能抽水至上水库，在用电高峰时再放水至下水库发电的储能方式，具有调峰、调频、调相、储能、系统备用和黑启动"六大功能"，在保障电网安全、促进新能源消纳、提升电力系统性能方面具有重要作用。目前抽水蓄能技术相对成熟，也是使用规模最大、成本较低的一种储能方式。飞轮储能是指用电动机带动飞轮高速旋转，在需要的时候再用飞轮带动发电机发电的储能方式，具有功率密度高、能量转换效率高、使用寿命长、对环境友好的特点。压缩空气储能是指利用剩余电力压缩空气，并储藏在高压密封设施内，在用电高峰时再释放出来驱动燃气轮机发电的储能方式，其受外部环境和材料制约较大。

电磁储能主要包括超导储能和超级电容储能两种方式。电磁储能响应速度快、功率密度高且对环境友好，但是目前电磁储能成本高，而且相关技术仍在研究阶段。

电化学储能主要包括液流电池、锂离子电池、铅酸电池、钠硫电池等。电化学储能技术较为成熟、响应速度快、不受外部环境限制，也是目前应用范围最为广泛、最具潜力的能够平衡日间供需、满足短时间高峰负荷的储能技术之一，但其使用寿命有限，成本也较高。

此外还有**氢储能**——通过利用过剩电力或成本较低的电力进行电解水制氢，并将氢气储存起来，氢气可以通过燃气涡轮机燃烧发电，也可以借助燃料电池转化为电能。氢能是一种理想的二次能源，也是最环保的能源形式，但是目前氢储能存在生产成本高和能源效率低的问题。

（2）我国储能技术现状与未来展望

1）储能技术发展面临难题

截至 2020 年底，我国已投运储能项目累计装机规模达 3560 万千瓦，占全球市场总规模的 18.6%，同比增长 9.8%。其中，抽水蓄能的累计装机规模最大，为 3179 万千瓦，同比增长 4.9%；电化学储能的累计装机规模位列第二，为 326.92 万千瓦，同比增长 91.2%；在各类电化学储能技术中，锂离子电池的累计装机规模最大，为 290.24 万千瓦。[⊖]

虽然从装机规模上看，我国储能居于世界领先地位，但是目前我国储能技术的发展仍面临一些难题。首先，我国储能技术发展不均衡，众多核心技术有待突破，例如我国尚未完全掌握压缩空气储能中的高负荷

⊖　中关村储能产业技术联盟（CNESA）发布的《储能产业研究白皮书 2021》。

压缩机技术，电化学储能中的关键材料制备如电解液、离子交换膜等技术与国际领先水平相比仍有较大差距，超导储能中高温超导材料、超级电容储能中高性能材料和大功率模块化技术也需要加大研究力度。其次，储能盈利模式较为单一，投资回收机制吸引力不高，建立多元的收益方式以实现稳定的收益将是未来储能项目开发的关键。此外，储能市场并没有很好地形成，虽然国家积极鼓励储能参与削峰填谷、电力辅助服务、调频，但是由于目前缺乏明确的电力辅助服务市场化机制和价格机制，储能很难单独进入市场，很难与电网和新能源交易。最后，大规模储能技术成本高也是制约储能技术商业化和规模化发展的难题，同样储能技术的安全问题也是需要重点关注的，尤其是电化学储能系统的安全性。

2）2060 年，储能技术的未来

构建以新能源为主体的新型电力系统必将催生对储能的需求，我国储能规模将呈不断增长态势，到 2060 年我国储能规模将达到 7.5 亿千瓦，抽水蓄能将达到 1.8 亿千瓦。[⊖] 储能成本持续下降，"十三五"期间储能的度电成本为 0.4～0.6 元 / 度，"十四五"期间通过发展低成本储能技术，降低初次采购成本，储能的度电成本有望降至 0.1～0.2元 / 度，未来随着电力市场体制的健全，储能成本仍有下降空间。[⊜] 此外，储能的安全性和智能化程度也会大幅提高。在技术方面，未来大容量、持续放电时间长、循环性能好、系统效率高的储能技术将脱颖而出，氢储能将成为集中式可再生能源大规模长周期存储的最佳方式。同时随着分布式储能规模化应用进一步加快，锂离子电池将发挥重要作用。

储能技术是有效利用能源的"最后一公里"，未来储能技术将百花齐放，不同的储能技术将根据其储能容量、能量密度、充放电时间、功

⊖ 全球能源互联网发展合作组织发布的《中国 2030 年能源电力发展规划研究及 2060 年展望》。

⊜ 第十届储能国际峰会暨展览会："十四五"期间储能技术重点专项规划要点报告。

率密度等特点在不同的应用场景发挥最优效果。但是储能技术发展仍存在诸多的不确定性，储能的大规模应用仍需电价政策的支持，需要电力市场发挥积极作用，因此未来储能技术的发展仍需要充分考虑技术特点、技术成熟度、成本、政策补贴、电力市场机制等多个要素。

（3）储能技术发展行动指南：如何把握机遇、赢在未来

未来，储能技术具体如何发挥作用？超短时间尺度（秒级～分钟级）的应用场景适合采用超级电容储能、电化学储能等响应速度快、放电时间在分钟级和小时级的超短时储能或短时储能方式。短时间尺度（小时～天）的应用场景适合采用抽水蓄能、压缩空气储能、电化学储能等持续放电时间按小时级计算的储能方式。长时间尺度（数日及以上）的应用场景适合采用氢储能、压缩空气储能等持续放电时间为数日的长期储能方式。

1）加强核心储能技术研发

储能技术发展路径怎么走？ 从场景来看，未来**电源侧**建设重点在于平抑大规模可再生能源出力波动，需要大力发展中长时间尺度、能够主动支持高比例可再生能源的储能技术，以改善电能质量。在**电网侧**，发展短时高频储能技术，以减小系统峰谷差，改善负荷曲线，参与系统调频，满足电网实时功率平衡需求。在**用户侧**，重点布局超长时间尺度储能技术，研究多元用户供需互动与能效提升技术，推动分布式发电消纳。

未来，长时间尺度的储能技术将受到青睐，以氢储能和压缩空气储能为代表的长时间尺度储能技术有望获得较大进步，电化学储能是未来短时间尺度储能的理想技术。那么针对具体的储能技术而言，发展路径又应该怎么走？

氢储能将逐步成为主流的长期储能技术。 在氢气制造方面，最理想的是电解水制氢，但是当前电解水制氢效率较低，而且会消耗大量的电能，成本较高。利用过剩电力和成本较低的电力生产氢气可有效改善成本问题，未来随着技术的发展制氢效率也将大大提高。**在氢气储运方面**，由于氢气密度低，且极易燃爆，因此氢气的储运是氢气产业规模化发展的瓶颈，未来需要研发大规模、长距离储运技术，例如加大液态储氢、化学固体储氢等技术的研究力度。**在氢气使用方面**，加快我国加氢站发展体系成形，完善相应的监管体系、审批流程、商业模式，加快如加油站、加气站、加氢站三站合一混合站的建立，或将加氢站与充电桩并设，以提高用氢效率。

在压缩空气储能方面，传统的压缩空气技术主要存在三个技术瓶颈：一是依赖化石燃料提供热源；二是需要大型的洞穴进行储气；三是系统效率低。因此需要研发新型的压缩空气技术，例如绝热压缩空气储能系统、蓄热式压缩空气储能系统、超临界压缩空气储能系统等。但是新型压缩空气技术的性能也需要进一步提升，成本仍有下降空间，系统规模也需要进一步扩大。

在电化学储能方面，目前电化学储能技术离"低成本、长寿命、高安全、易回收"的发展目标还有相当大的差距。电池的核心材料包括正负极材料、电解质材料，附属材料包括隔膜、集流体和电池壳体材料等。在过去的研发过程中，锂离子电池的研究重点主要在提高电池的安全性能、循环次数、能量密度以及降低成本等方面，虽然材料的改善能够提升电池性能，但是忽视了与实际场景的衔接，有效成果的创新进程很慢，因此在技术方面需要重视技术与应用场景的衔接，同时研究成本更加低廉的非锂电化学电池，拓宽电池材料的选择范围。电池的回收技术和流程也不成熟，存在严重的污染隐患，因此需要发展便于回收再利用的新型储能电池技术，从生产源头出发考虑电池的回收处理。还可以加大电池与其他储能系统混合应用的研究力度，例如"热储能＋电池""不同技术类型的电池＋电池""超级电容器＋电池"和"飞轮＋电池"。未来，随着技术的发展，电化学储能也有望成为长时间尺度储能技术。

在抽水蓄能方面，由于具备较高技术成熟度和储能容量大的特点，抽水蓄能可提供更长时间的大量峰值能源供给，但是抽水蓄能电站的建设受地质条件约束，选址要求高，建设周期长，建设规模有限。因此应保障已开工抽水蓄能电站项目尽早投产运行，并对有条件的抽水蓄能电站进行改造，建成混合式抽蓄电站。

2）明确储能投资回收机制

在现有的电力体制下，储能除了通过与火电机组绑定进行调频辅助服务获利，用户侧储能通过峰谷电价差获利，通过储能优化最大容量和最大需量、减少需量电费的商业模式较为清晰外，其他应用场景的储能投资回收机制和商业模式尚不完善。具体来说，在**电源侧**，利用储能发挥技术优势的电力市场尚不完善，储能技术很难单独进入市场发挥作用；在**电网侧**，储能投资回收机制不清晰，并且 2019 年 5 月国家发展改革委和国家能源局印发的《输配电定价成本监审办法》明确抽水蓄能电站、电储能设施等的成本费用不得计入输配电定价成本，这使电网侧投资储能陷入困境，降低了电网侧储能积极性；在**用户侧**，盈利主要依靠峰谷电价差，盈利形式单一，而且由于较高的建设成本，用户也不愿意去投资。

> ✏️｜举例：在过去，大部分抽水蓄能电站是由电网企业投资的，电网企业只能通过输配电费获得利润以弥补抽水蓄能电站的建设费用。在抽水蓄能规模尚小时，电网企业可以借助其他方面的利润弥补建设投资，但是随着抽水蓄能规模变大，且经过电价的几轮下调，电网企业已无力负担大额的投资。抽水蓄能电站还有一个特点就是"抽四发三"，这个过程中会有 25% 的电力损耗。电价不高，电能又有损失，使抽水蓄能电站建设陷入僵局。另外，在 2019 年《输配电定价成本监审办法》实施后，抽水蓄能电站的成本费用不计入输配电定价成本，使对抽水蓄能电站的投资雪上加霜。其实抽水蓄能电站的成本属于电网辅

助服务成本，但是由于辅助服务费政策并未及时制定实施，导致成本费用回收受阻。具体来讲，虽然市场化用户能够享受抽水蓄能电站带来的系统安全服务，但是上网电价和输配电价中均不包含抽水蓄能成本，居民、农业等非市场化用户执行的是目录电价，也无法承担新建电站的成本。因此电网企业无法从市场化用户端回收成本。

2019年国家电网曾发布《关于进一步严格控制电网投资的通知》，建议不安排新的抽水蓄能建设项目。但随着可再生能源发电占比的增加，电力系统对储能设施的需求也越来越大，抽水蓄能仍需加大投资建设，然而，如果仍按照既有政策，那么电站建设越多，亏损就越大，因此国家开始研究完善抽水蓄能价格机制。2021年5月8日，国家发展改革委发布《关于进一步完善抽水蓄能价格形成机制的意见》，其中指出，坚持以两部制电价政策为主体，进一步完善抽水蓄能价格形成机制，以竞争性方式形成电量电价，将容量电价纳入输配电价回收，同时强化与电力市场建设发展的衔接，逐步推动抽水蓄能电站进入市场。这意味着国家在政策上为抽水蓄能电站的发展创造了有利条件，抽水蓄能投资方有利可图。4月21日，国家发展改革委、国家能源局发布了《关于加快推动新型储能发展的指导意见（征求意见稿）》，其中提出建立电网侧储能独立电站容量电价机制。随着政策的不断完善，相信储能市场将迎来爆发式增长。

为推动我国储能投资回收机制的明晰，提高各方储能投资的积极性，首先，应明确电源侧、电网侧和用户侧储能的投资回收机制和商业模式，促进盈利形式多元化。其次，可以通过设立储能专项发展基金，提供相关融资和金融服务政策支持，同时加快储能产业基金或绿色投资基金的发展，例如银行等金融机构发行绿色金融债券。再次，通过政策引导鼓励电源侧、电网侧和用户侧等各类型主体参与储能投资，吸引投资者投资储能产业，例如，如果各类储能成本可以取得政策上的认同计入输配电价，那么会对投资方起到成本激励的作用。最后，加快推进电力市场建设，完善电力市场机制体制，这是帮助各类储能技术和市场主体参与市场并获得合理价值回报的必经之路。

3）完善储能独立参与辅助服务市场机制

目前，与储能高效应用相配套的市场机制尚不完善，储能参与辅助服务市场主要存在以下几个问题。首先是储能进入市场的身份认定问题，虽然在政策上独立储能电站和联合储能电站均被允许参与辅助服务，但是储能参与市场交易、结算、调度、并网等的规则并不明确，且在实际操作中储能通常与其他市场主体联合运营，比如配合火电机组提供调峰调频功能，从而获取辅助服务补偿。其次是公平性问题，当前辅助服务的调度策略相对简单，缺少针对独立储能电站的优化调度机制，独立储能电站还未能实现与其他市场主体真正的公平竞争。最后是补偿机制的适用范围有待扩大，虽然补偿机制已在部分地区得到了探索与应用，但仍未进行全国推广。

如何完善储能独立参与辅助服务市场机制？ 首先，在实际操作中应明确储能的独立主体身份，允许储能独立参与辅助服务市场，而不是配合火电厂或新能源电站，储能系统独立运营有利于从全系统的角度出发进行优化配置，以便更好地发挥其灵活性特点。其次，建立完善、合理的储能价格机制和储能补偿机制，坚持按效果付费的原则，即无论采用哪种储能技术，均以其对电力系统调节能力的贡献程度为标准进行合理补偿。同时保持中立性原则，提供同性能、同质量的服务，需获得同等的价值补偿，避免过度补偿。

非电碳中和

说到非电碳中和，我们可能觉得有些陌生，究竟什么是非电碳中和？它能够如何帮助我国实现碳中和？在阅读本部分之前，我们需要知道非电碳中和的两个特征：发展迅速、前景广阔。

如果说电力碳中和是我国向着 2060 年碳中和目标前进的必经之路，那么非电碳中和就是这条路上最后的百米冲刺。目前我国能源需求中非电占比超过 50%，交通、化工等领域对燃烧能源的依赖程度较高，很难用电来替代，因此其他清洁能源的发展和利用对我国能否实现 2060 年碳中和的目标至关重要。

1. 推动氢能产业发展

（1）什么是氢能

目前我国发展最迅速、技术日益革新的清洁能源就是氢能。氢气具有发热值高、无污染、可以以多种形式存在等优点。在自然界中，氢是最丰富的元素之一，但我们很难找到纯氢，需要从化石燃料、水中提取转换，而这个提取过程需要电的参与。

氢气生产需要电，根据电力来源，**氢气可分为灰氢、绿氢和蓝氢**（见图 3-8）。如果生产氢气的电力是由煤炭、天然气等化石燃料燃烧生产的，那么在生产过程中会产生碳排放，这类氢气就被称为灰氢。这种生产方式的成本相对低廉，据测算，煤制氢成本为 8~10 元 / 千克，并且灰氢的制造操作也便捷，灰氢是如今最常见的氢气，约占全球氢气产量的 96%。[一]与灰氢相反的是绿氢，绿氢是由可再生能源（例如太阳能或风能）发电电解制成的，该过程几乎不会产生碳排放。然而这类制氢方式对电的需求量巨大，用电成本占制氢总成本比例高达 60%。绿氢的制造成本约为 20 元 / 千克，约是灰氢的 2 倍，因此绿氢产业的增长受到了成本的限制。蓝氢来自另一种制氢方式，生产方式与灰氢一样，也是通过以天然气为主的化石燃料发电制成的，但在生产过程中运用了

㊀ 单彤文，宋鹏飞，李又武，等. 制氢、储运和加注全产业链氢气成本分析 [J]. 天然气化工（C1 化学与化工），2020，45（01）：85-90，96.

CCS 技术，能够减少生产过程中的碳排放，可以满足全球大多数国家对碳排放量的限制要求。此外，蓝氢相较绿氢成本更为低廉，因此在市场上更具有成本竞争力。

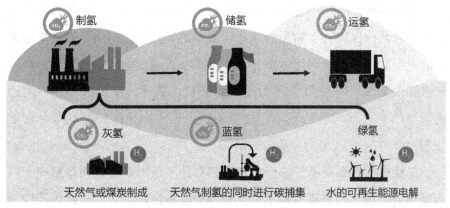

图 3-8　氢能行业碳排放

资料来源：安永研究。

你可能会问，既然氢能的制造需要电力，为何不直接使用电力能源？一方面，因为氢能的确是一类性能优越的清洁能源，在未来大规模使用可再生能源发电时，光伏发电、风能发电的不确定性需要储能技术的帮助（详细介绍见"电力碳中和"部分）。氢气能量密度高，可以被液化或者通过介质固态存储，能够在电力系统能源存储和灵活性调节方面扮演重要角色。另一方面，对于难脱碳行业来说，氢能是碳减排的理想燃料。因此，发展氢能技术对保障能源的稳定供应以及难脱碳行业的碳减排工作来说十分关键。

（2）氢能的现状与未来展望

氢能的用途十分广泛，未来需求量将呈井喷式增长。要实现净零碳排，我国 2050 年需要将氢气年产量由现阶段的 2500 万吨提升至 8000 万吨以上。[注] 在目前阶段，我国氢能的使用主要集中于工业和交通行业，

注　能源转型委员会与落基山研究所联合发布的《中国 2050：一个全面实现现代化国家的零碳图景》。

其中用于工业行业的氢能占比高达 99%，客户多为电子及有色金属深加工等企业。虽然用于交通行业的氢能占比不足 1%，但交通行业未来脱碳势必需要氢能的大力支持，市场潜力巨大。

氢燃料电池将会取代燃油内燃机，为车辆提供动力。氢气可以在长途运输领域发挥优势，目前来看，电动汽车的续航能力有限，而且需要较久的充电时间，氢能则可以弥补电动汽车在长途运输方面的缺陷。待未来氢能的规模效应使氢气使用成本降低后，氢燃料电池汽车在中途距离领域内也可以与电动汽车产生竞争，进一步推动新能源汽车行业的发展。

灰氢由于其居高不下的碳排放量将会逐渐淡出市场，而绿氢由于其无碳排放的性质，将成为真正能推动碳中和的氢能。由于我国现阶段氢能源主要来源为灰氢，而蓝氢的制作过程又与灰氢较为相似，因此蓝氢可以通过 CCS 技术相对低廉的成本被使用于工业、化工等行业。

氢能将成为代替传统能源的选择，在钢铁、水泥、化工、交通以及建筑等行业的碳减排过程中发挥重要作用，同时在成本经济性上也有可能极具竞争力。在电力系统中，氢能将作为一种储能技术发挥其灵活调节作用。到 2060 年，氢可以以直接燃料和氢燃料电池的形式为路面交通、短途航空和航运等提供能量支持，氢气可以在钢铁行业替代煤炭做炼铁还原剂，还可以在冬天代替天然气为建筑物提供热量。

（3）氢能发展行动指南：如何把握机遇，赢在未来

1）因地制宜，多种生产方式组合制氢

我国氢能源主要的制造方式分别为煤制氢、天然气制氢、工业副产制氢以及电解水制氢。其中煤制氢占比超过 60%，其次是天然气制氢以及工业副产制氢，而完全零碳无污染的电解水制氢不足 1%。到 2060年，多种生产方式将会以组合的形式提供我国所需的氢能源。

煤制氢是灰氢制造的一种主要模式。我国是煤炭资源大国，煤制

氢是现在最具有成本竞争力的获氢途径，但如果继续采用这一制氢模式，就将与碳中和的最终目标事与愿违，因为灰氢的制造过程会产生大量的二氧化碳。若是要实现 2050 年 1 亿吨氢气的终端应用，使用化石燃料制氢需要消耗煤炭、天然气等至少 5 亿吨标准煤，同时排放12 亿～18 亿吨二氧化碳。[⊖] 所以煤制氢如果不能快速找到低碳的突破口，将无法帮助我国实现碳中和的愿景。未来，我们需要大力发展 CCS 技术，将其应用于煤气化工艺，使煤制氢所产生的二氧化碳大幅度减少。

天然气的主要成分为甲烷，是氢原子质量占比最大的化合物，储能量巨大。天然气制氢流程短、前期投资成本低、运行相对稳定，在很多国家早就已经成了主流的制氢技术。天然气制氢流程主要包括合成气制备、水煤气变换等。但天然气制氢成本相较于煤制氢更高，若要使两种方式的生产成本相同，如果煤炭价格约为 600 元 / 吨，天然气的价格则要维持在约 2.5 元 / 立方米。[⊖] 因此，天然气制氢不会成为主流的制氢方式。

工业副产氢是钢铁生产中炼焦、氯碱生产、轻烃脱氢以及裂解反应所产生的副产品。部分工业副产氢可直接在生产现场被用作原材料或热源，其余工业副产氢可通过变压吸附法进行提纯，得到高纯度的氢气。目前我国工业副产氢总量为全球第一，这是由于我国基础工业发达，且工业副产氢不受地域结构限制。工业的发展使工业副产氢更容易获得，所在地域内可以实现氢能的自给自足，从而在提高资源利用效率的同时，也能够产生更高的经济效益，降低污染。工业副产氢的使用价值取决于收集并提纯氢气时是否会消耗额外的化石能源，如果技术可以精炼到直接捕获氢气，那么工业副产氢就可算作一种零碳氢气。同时，企业

　⊖　新华网 . 打造无碳绿氢产业 破解碳排放约束 [EB/OL].（2021-02-08）[2021-04-29]. http://www.xinhuanet.com/energy/2021-02/08/c_1127078342.htm.
　⊖　中国煤炭网 . 煤制氢和天然气制氢成本比较，哪个更合理 [EB/OL]. (2019-07-12)[2021-04-29]. http://www.ccoalnews.com/201907/12/c109962.html.

也应注意因地制宜地发展工业副产氢：沿海地区可以使用氯碱、炼化等副产氢；华北、华中地区工业发达，可以使用工业尾气副产氢；西南地区可以使用丰富的水资源电解水制氢；"三北"地区则可以使用风能和光伏等清洁能源电解水制氢。

电解水制氢主要为碱性电解法，生产成本较高，而且需要使用大量电能，导致电力成本占电解水总成本的2/3以上。此外，由于我国发电结构的现状，现阶段电解水制氢还无法达到完全零碳。未来电解水制氢的成本可能会大幅度下降，而以化石能源为原料的制氢方式由于技术成熟且化石燃料成本相对稳定，成本下降空间小，而且随着CCUS技术的运用，成本反而很可能进一步走高。相比之下，电解水方法成本的经济性就凸显出来了，届时电解水有潜力成为最具成本竞争优势的零碳制氢方法。想要解决现阶段电解水制氢成本高的问题，需要从两个方面发力。一是电解槽设备的固定成本。根据规模效应以及学习曲线效应，电解槽设备的成本有很大概率迅速下降。随着基础设施和电解水的自动化推进，投资电解槽的成本也会快速下降。二是零碳电力成本。随着可再生能源的大规模发展与运用，未来电价将由供需情况决定，而电力系统可在电价最低时生产氢气，从而进一步降低制氢的电力成本。如果使用弃风弃光电力，边际成本将为零。到2030年，随着电解槽投资成本的下降，即使电解水制氢的设备利用率仅为6%～7%，这一方式仍更具成本竞争力，这也进一步说明了电解水制氢的未来发展空间。⊖

从长远角度来看，每种制氢方式都存在自己的优缺点，单一使用任何制氢方式都不是最优方案，应该因地制宜，根据不同的能源和技术发展模式组合使用，合理统筹氢能产业发展，以实现资源利用最大化。

⊖　能源转型委员会与落基山研究所联合发布的《中国2050：一个全面实现现代化国家的零碳图景》。

2）氢气的储运存在瓶颈，成本控制是关键

既然氢气能有如此多优点，那么为什么迄今为止，我们还没有看到生活中大规模的氢气使用呢？氢气利用的限制因素之一就是氢气的储运。储氢价格昂贵，一些储氢方法还会存在氢气泄漏等安全隐患，在技术取得长足进展前，氢气很难在我们的生产生活中得到大规模利用。

目前，全球主要有三种储氢方法：高压气态储氢、低温液态储氢以及固态储氢。高压气态储氢主要是在高温下将氢气压缩，并常以储氢罐、车载储氢、气罐车等形式存在；低温液态储氢是将氢气在高压和低温的条件下液化，主要用于航空航天领域；固态储氢是利用固体对氢气的物理吸附或化学反应，将其储存在固体材料中。

一直以来，高压气态储氢技术较为成熟，并且具有成本低、充放氢快等优点。但高压气态储氢存在泄漏、爆炸等安全隐患，无法完美地在氢燃料汽车上使用，因此未来可能不会成为储氢的主力军。低温液态储氢具有纯度高的特点，但是其成本之高、能耗之大使其难以在短时间内商用化，同样不具备大力发展的潜力和优势。固态储氢具有体积储氢密度高、安全性能好等优点，非常适合在氢燃料汽车上使用。固态储氢与燃料电池一体化集成，可以提高整个燃料电池动力系统的能源利用效率。

固态储氢由于其明显的优势，极具应用前景。氢气本身具有高质量能量密度以及低体积能量密度的特点，因此想要使氢能实用化，需要寻求某种方式来提高氢能的体积能量密度。高密度地储氢以及运氢是氢能供应链中的主要瓶颈，而固态储氢就是打破这一瓶颈的关键办法。如今，国内外的研究团队不断取得新的技术进展，例如德国某造船公司已经将开发的 TiFe 系固态储氢系统用在燃料电池 AIP 潜艇中，实现了到目前为止最成功的固态储氢商用；我国的 TiMn 系固态车储氢系统也已被成功应用于燃料电池客车，不需要高压加氢站，在 5 兆帕氢压下仅需 15 分钟左右即可充满氢，已累计运行约 1.5 万千米；此外，40 立方米固态储氢系统与 5 千瓦燃料电池系统成功耦合，作为通信基站备用电源，可不间断运行 16 小时以上；小型储氢罐已批量用于卫星氢原子钟中，为其提供安全氢源。[一]国内外取得的各项进展都标志着未来氢能的储备将不再是一个烫手山芋，能够推动氢能的广泛使用。

运氢的难度与挑战同样限制了氢气的大规模使用。目前，氢气的运输瓶颈尚未突破，我国加氢站数量不足，并且成本居高不下。未来，在构建全国氢气的储运基础设施时，大规模制氢企业与城市之间可以采用以管道为主的方式进行运输，城市内部的短距离需求可以使用拖车运输，300 千米以上的远距离需求可以使用液氢槽罐车运输。未来最理想的方式仍然是资源地产氢并就近消纳。

3）高度重视发展加氢站

自 2019 年起，我国氢能开始快速发展，加氢站的建设开始受到关注和重视。截至 2020 年底，我国累计建成 118 座加氢站，其中以高压氢气加氢站为主，而全世界加起来也仅有 500 多座加氢站。[二]我国的加氢站目前几乎全部处于亏损状态，这是氢燃料电池车尚未形成使用规模、需求不足导致的。为改善这一问题，我国多地接连出台加氢站补贴政策，单座加氢站补贴金额为 100 万～900 万元。同时我国能源龙头企业也已经开始布局氢能源产业链，以加快氢能的发展进程。以我国某大型石化集团为例，其目前正在对加油站进行全方位的升级改建，未来要将加油站打造为包括油、气、氢、电等多种能源形式的综合服务站。

加氢站是氢气储运和氢燃料电池车应用的基础与保障，其发展程度和普及程度决定了我国氢能能否被大规模利用。好消息是，加氢站的

㊀ 池涵. 固态储氢材料要走出"象牙塔"[N]. 中国科学报，2020-04-08.
㊁ 财经频道 CCTV-2 播出《对话》特别节目——《碳中和倒计时：氢能之热》，https://tv.cctv.com/2021/04/17/VIDEmayXE47xLM8NgdvjiwWA210417.shtml.

密度与传统加油站类似，部分加油站在原有基础上改造即可满足加氢需求，比电动汽车充电桩的庞大新基建工程更有优势。因此，加氢站的建造需要行业、能源企业以及政府的大力支持和扶持，这样才能在未来更好地提供服务。

4）氢能产业的推动和发展离不开政策的支持

目前，我国氢能产业的政策主要集中于推动新能源汽车的发展、对氢能产业链的扶持以及对地方政府的财政要求。仅 2019 年，中央层面发布的有关氢能产业发展的政策文件就有 10 余个，2019 年《政府工作报告》中首次提到氢能，其中指出，继续执行新能源汽车购置优惠政策，推动充电、加氢等设施建设。同年出台的《产业结构调整指导目录（2019 年本）》将"高效制氢、运氢以及高密度储氢技术开发应用及设备制造，加氢站"列为鼓励类的新能源。

目前，政府要求具备燃料电池产业推广条件的城市群自发申报成为扶持区域。由于氢能产业是政府主导型产业，目前已有 31 个省、自治区、直辖市响应全国范围内的氢能产业规划布局，加快氢能产业发展，发布了与氢能发展相关的政策。这些政策的支持将大力推动氢能基础设施的发展，为加快城市化制氢、储氢、运氢以及加氢的进程打下了坚实的基础。总体而言，技术的进步可以提高氢能的使用价值、使用范围以及使用性能，而真正促进氢能的未来发展离不开政府的政策激励。

2. 加快生物质能利用

（1）什么是生物质能

生物质能是可再生能源的一种，是唯一的可再生碳源，具有可永续利用、低污染、分布广泛的特征。它是指自然界中的植物所提供的能量，这些植物以生物质为载体储存太阳能。生物质主要包括能源作物、作物秸秆、木质生物质以及藻类。能源作物主要有玉米、甘蔗、甜高粱等，每公顷能源产量最高，也最容易被转换为生物燃料。作物秸秆主要指农作物废弃物，我国可利用的耕地面积较大，大规模的农业种植使作物秸秆资源十分丰富。木质生物质主要包括薪柴、伐木及木材加工业的残留废物。目前我国正在大规模实施造林计划来保护沙地，未来可收获的森林作物有可能会增加。藻类是另一种生物质，可以通过实验室栽培来大量生产，但目前仍处于发展的初级阶段。

（2）生物质能现状与未来展望

我国每年可供给生物质能最多可达 5.8 亿吨标准煤，[⊖]约占我国 2020 年能源消费总量的 11%，生物质能潜力巨大，但为何生物质能没有被大范围利用？这是因为现阶段生物质能的发展面临很大的挑战和困难，导致其利用率极低，无法被大规模运用。目前生物质能所面临的问题主要包括以下几个。

生物质能成本过高。随着国家政策鼓励大力发展生物质，更多的生物质利用企业开始发展和扩张，但整体行业监管制度的缺乏导致生物质的生产、收集、利用过程杂乱无章，此外，生物质收集的中间环节过于繁杂，每一层都会导致成本的叠加，从而出现终端收集并利用生物质的企业获得生物质的成本居高不下，而源头收集者得到的收益却很低的情况，降低了收集者的积极性。此外，生物质的收集办法单一，并且成本很高，因此很多农民没有收集生物质的动力，宁可直接焚烧，也不愿意耗费精力去收集。高成本和低效率造成了产业的恶性循环，除非政府出台相关政策，整顿生物质能产业链，否则生物质能将难以发挥作用。未来，生物质利用企业应继续推动林业产品加工集聚区的发展，首选较易收集的花生壳、稻壳等，待形成规模经济后，再以更高的效率和更直接的成本购置原材料。

生物质的生产过程会对土壤造成伤害，争夺土地、水资源。提高生

⊖　能源转型委员会与落基山研究所联合发布的《中国 2050：一个全面实现现代化国家的零碳图景》。

物质的产量有时离不开化学肥料和灌溉技术，然而这些方式却可能对土壤及其长期吸碳能力造成不可逆的伤害。虽然生物质能被 IEA 称作可再生能源里"被忽视的巨人"，[⊖] 但是大规模将土地用于生产生物质可能会占用珍贵的农业土壤，使农作物和牲畜流向生产力更低的地区。因此，科学家建议各国政府限制生物质的规模。为了减少土地的碳排放，维护土地的生态系统，政府和企业应保护固碳能力高的生态系统并减少食物浪费，从而减轻土地的压力和对土地的伤害。

生物质的运输费用很高。生物质自身密度低，收集后占用的空间较大，因此收集、存储、装卸等都需要较高的费用。生物质的收集和使用应采用因地制宜的方式，将运输距离和耗时降到最低。

未来，生物质既可以是能源载体，也可以成为工业生产时使用的原料。生物质能将被用于发电和工业领域，可以在一个高比例可再生能源的电力系统中发挥良好的灵活性调节作用，能够在风电不足时及时提供可靠的电力补充和调度。直接使用生物质能的需求将体现在交通和工业行业中，生物质能的有效性有可能为航空和化工行业的脱碳提供一种选择。

此外，生物质能的使用应由当地资源的实际情况决定，根据当地可利用的生物质因地制宜地最大化利用资源。生物质的特殊性以及来源的多样化都需要我们在使用时仔细斟酌，根据实际情况和需求来决定最适合使用生物质能的领域。

（3）生物质能发展行动指南：如何把握机遇，赢在未来

总体而言，我国要想大力推动生物质能的发展，需对整个产业进行整顿，尤其要使生产、收集、使用流程更加清晰，避免中间商利用市场信息不对称抬高价格。同时行业内部应提高质检标准，优化整体行业架构，避免恶性竞争。

⊖ 中国能源网 . IEA：生物质能是可再生能源中被忽视的巨人 [EB/OL]. (2018-12-04) [2021-04-29]. https://www.china5e.com/news/news-1046237-1.html.

在源头上，我国应在机械制造商与农业生产之间建立紧密联系，采用专门的收获机械帮助农民更高效地进行原料收集，降低收集成本，提高农民收集的积极性。

未来，大多数形式的生物质的成本可能仍远高于化石能源，相较其他可再生能源没有太大竞争优势，很难在短时间内形成规模效应，带来正面的经济收益。但我们在观念上不能唯"利"是图，而是应从长远角度考虑生物质能发展带来的社会价值，增加生物质能的终端使用，大力发展加工技术和产业链，使生物质能恰如其分地发挥作用，为我国提供源源不断的可再生能源。

能源需求侧

工业行业脱碳

1. 钢铁行业

钢铁被誉为工业的"粮食"，在社会生产生活各方面都有着广泛的应用。长久以来，钢铁为我国基础设施建设提供了重要的原材料保障，有力地支撑了下游相关产业的发展，推动了我国工业化、现代化进程，是我国经济发展的重要基础。

然而，钢铁是高耗能、高污染的行业，是能源消耗和碳排放的大户。炼钢的主要原料为煤和铁矿石，如果保持目前的能源结构与生产效率，实现钢铁行业碳中和的愿景将成为空中楼阁。因此，钢铁行业脱碳是实现碳中和，也是促进我国经济高质量运行的必经之路。

（1）钢铁行业现状与未来展望

1）钢铁行业的"碳"在哪里

钢铁行业的能源消耗占我国能源消耗比重的11%。我国钢铁行业碳排放量约占全球钢铁行业碳排放量的50%以上。同时，钢铁行业碳排

放量约占我国碳排放总量的 15%，在国内所有工业行业中位居首位。[一]

自 2000 年我国粗钢产量快速上涨，钢铁行业二氧化碳排放量也呈现逐年上涨的趋势。与 2000 年相比，2018 年我国粗钢产量增长 622.4%，但钢铁行业二氧化碳排放量仅增长 382.7%，吨钢二氧化碳排放量下降 33.2%，这说明我国钢铁行业的节能减排工作取得了有效进展，二氧化碳排放得到了较为有效的控制。[二]

钢铁行业生产工艺包括长流程和短流程两大类（见图 3-9）。长流程生产工艺的原材料以铁矿石、焦炭为主，经过高炉熔炼成铁水，再通过氧化反应脱碳、升温、合金化形成钢水，最后进行冷却轧钢；短流程生产工艺的原材料是通过各种途径回收的废钢，废钢经过电炉熔化为钢水，再经过凝固和轧制加工制成钢材。长流程生产工艺中的高炉冶炼是钢铁生产过程中碳排放最多的环节，这一环节的碳排放占比约为 66%。这是因为高炉冶炼是把铁矿石还原成生铁，在此过程中焦炭与热空气充分接触，产生大量二氧化碳。由于我国煤炭资源相对丰富，因此选择长流程生产工艺生产钢铁不无道理。短流程生产工艺由于可以利用废钢进行生产，其相较于长流程生产工艺少了炼铁这一碳排放量最多的环节，碳排放量随之大大减少。

2）2060 年，钢铁行业的"零碳"未来

在我国 2060 年前实现碳中和的大背景下，钢铁行业面临巨大的碳减排压力，钢铁行业将迎来重大的产业改革。国家相关部委正在积极开展《钢铁行业碳达峰及降碳行动方案》的编制工作，将钢铁行业降碳目标初步定为：2025 年前实现碳达峰，到 2030 年钢铁行业碳排放量较峰值降低 30%，预计将实现碳减排量 4.2 亿吨，到 2060 年钢铁行业将深度脱碳。

[一] 中国节能协会冶金工业节能专业委员会和冶金工业规划研究院共同编制的《中国钢铁工业节能低碳发展报告（2020）》。

[二] 郑常乐. 专题：我国钢铁行业 CO_2 排放现状及形势分析 [N]. 世界金属导报，2020-08-31.

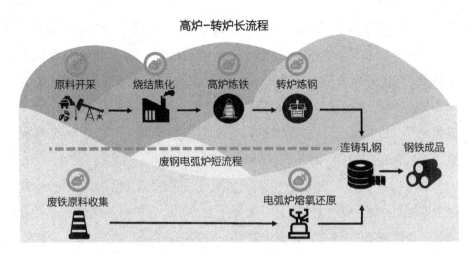

图 3-9   钢铁行业碳排放

资料来源：安永研究。

未来几十年，我国钢铁的消费需求总体呈下降趋势。这是因为钢铁消费水平与国家的城市化水平存在一定的联系。参考欧美日等发达国家钢铁行业的发展历史，预计当前我国钢铁消费需求在城市化率达到60%以后，即在2020年后便开始进入平台期，2025年后将逐步下降。2030年我国钢铁消费有望下降11%，2060年下降30%。[⊖]

钢铁行业中的兼并重组是实现碳中和目标的必由之路。通过兼并重组促进行业集聚、降低成本，提高资源掌控能力和市场话语权，增强市场竞争力是钢铁行业进行产业结构调整和优化的主要方式之一。工信部在《关于推动钢铁工业高质量发展的指导意见（征求意见稿）》中指出，要打造若干家世界超大型钢铁企业集团以及专业化一流企业，力争前5位钢铁企业产业集中度达到40%，前10位钢铁企业产业集中度达到60%，由此推测，到2060年我国钢铁行业的产业布局将更加合理，产业集聚化发展水平将会得到进一步提升。

未来几十年，钢铁行业的绿色低碳技术也将向前迈进一大步。随着我国废钢供应进入快速增长时期，发展电弧炉炼钢法的时机已然成熟。

⊖   全球能源互联网发展合作组织发布的《中国碳中和之路》报告。

到 2060 年，电弧炉产能占比将得到进一步提升，与此同时，氢能冶炼技术、CCUS 技术也将得到大规模推广与应用。

（2）钢铁行业"脱碳"行动指南：如何把握机遇、赢在未来

目前，我国钢铁行业正处于发展变革的重要转型期，综合考量转型成本、技术成熟度、发展路径难易程度以及资源可用性等方面，并结合钢铁行业目前的发展趋势得出，消除过剩产能、发展低碳技术和清洁能源生产替代等举措的实施是实现钢铁行业转型升级的重要手段，能够有力推动钢铁行业的脱碳。

1）消除过剩产能，优化产业结构

随着我国经济发展进入新常态，我国经济已经由高速增长阶段转向高质量发展阶段，这推动国内钢铁需求进入减量发展阶段。但是在需求明显下降的同时，供给却仍保持增长态势，这就使供给明显大于需求，出现了产能过剩。

由于缺乏自主创新能力，一些低端、高耗能的小型钢企转型升级困难，产品得不到市场认可，经营亏损甚至负债累累而成为"僵尸企业"，从而市场上形成一批无效、低效的产能，造成市场上充斥着低端钢铁产品。此外，由于国际贸易摩擦频发，并受其他国家与地区钢铁产量持续快速增长的影响，我国钢铁出口量总体呈下降趋势，这进一步加剧了我国产能过剩和产业结构失衡的状况。

钢铁行业亟须改变这一现状，但是**目前我国钢铁行业消除过剩产能、降低单位耗能的进展缓慢，这又是为什么呢**？

从供给端来看，其一，钢铁企业缺乏主动消除过剩产能的动机。内部认为消除过剩产能就意味着企业需要承担经营利润下降的潜在风险，甚至产生亏损；同时，消除过剩产能后会带来员工安置、运营资金周转等问题，使企业消除过剩产能的积极性不高。外部考虑到钢铁企业大多属于国企，市场机制在配置资源上难以发挥优化产业结构的作用。能源税费低、节能环保投入不足，造成了一些项目的成本没有反映出行业的真实情况，这种虚假的成本进一步刺激了投资的盲目性；同时市场秩序混乱和无序竞争导致市场机制失灵，无法实现优胜劣汰。其二，部分钢铁企业执行政策不到位。比如，某地提出上2000万吨的大项目，前提是必须淘汰2000万吨或者更多落后的小项目。但是在实际执行过程中，淘汰的小项目通过一些不规范手段蒙混过关，导致小项目没停掉，而大项目又建成了，导致产能不仅没减，反而越来越高。其三，早期国家为追求经济高速发展，政策上忽视了技术创新及开发推广的重要性。自主创新能力不足导致相较于国外先进钢铁企业，我国钢铁企业单位产量耗能较高，同时政策上对单位耗能缺乏刚性要求，进一步降低了钢铁企业减少单位能耗的意愿。

从消费端来看，钢铁需求总体上呈下降的趋势。住房和汽车两大消费龙头已经逐步走出了"黄金成长期"，国内市场需求持续转弱，但是与之紧密相关的钢铁行业的产能过剩情况仍在加剧。在2020年新冠肺炎疫情在全球快速蔓延，全球经济遭受自大萧条以来最严重衰退的大背景下，我国钢铁行业的外部需求也明显减弱。

通过对钢铁行业供给端与消费端的分析，我们发现了我国钢铁企业在消除过剩产能、降低单位能耗的过程中进展缓慢的原因，对此**我们可以发展如下路径。**

在政策方面，政府要对钢铁行业的产能管理重点做好规划，加强对产业的引导与监督，发挥政府对钢铁行业的宏观调控作用，积极推动钢铁行业产能置换办法与兼并重组的实施，严守不新增产能的红线，提高产能利用率；同时，政府牵头建设重大钢铁项目信息库，提高产能过剩信息预测效率，及时掌握钢铁市场变化信息，转变政府职能，进一步提升市场机制的调节作用，形成有利于发挥钢铁行业市场竞争机制、有效化解钢铁产能过剩的机制环境，最终形成化解我国钢铁行业产能过剩的长效机制。

举例：兼并重组是消除过剩产能的一种重要方式。2016年

我国就已经开始开展消除过剩产能的工作。宝钢集团和武钢集团顺应大潮流，积极落实国家供给侧结构性改革的要求，成功完成了合并重组，武钢股份的所有股权并入宝钢股份，形成了目前的中国宝武集团。宝钢集团和武钢集团重组合并将会使少部分低效产能压缩或者减退，从而化解部分钢铁产能，减少钢铁市场的压力。同时，宝钢集团和武钢集团合并后将着重发展中高端产能，去除低端产能，优化生产及产品结构，加强新技术和新产品的研发，推进企业的转型升级，从传统的高消耗、高污染式的重工业发展模式向低耗能、高产出的绿色发展模式转变，逐步向"高精尖"产品靠拢。[⊖]

在技术创新方面，积极淘汰高耗能落后机电设备，最大限度地回收利用余热、余压副产资源，从生产工艺上改进能源利用效率；紧跟先进钢铁企业技术发展路线，加强技术交流与合作，可通过合资建厂等方式引进先进技术，引导整个行业向前发展；还可通过行业对标，发掘节能潜力，实现节能降耗。

在市场方面，钢铁企业应根据市场的实际情况，对产品进行差异化战略调整，迎合市场需求，加大对新高端产品、新工艺的研究投入，提高资源附加值，推进产品升级换代，提高产品档次。

2）探索钢铁新技术生产路径，实现产能升级

① 电弧炉炼钢技术

在我国钢铁行业生产技术中，高炉–转炉长流程仍占据主导地位，但长流程中煤炭等化石能源的大量消耗会产生巨大的碳排放量，**相比于高炉–转炉长流程，电弧炉炼钢短流程在废气排放以及原材料消耗方面都具有明显优势，可以大大减少碳排放量**。

但是，发展以电弧炉炼钢为核心的低碳技术替代传统炼钢技术还存在

⊖　方倩. "去产能"下的钢铁大联合——宝武重组合并 [J]. 经贸实践，2017(13)：52-53.

不少限制因素。首先，占据主导地位的高炉－转炉长流程是我国当前粗钢生产的主要生产工艺，为满足我国经济持续发展需要，这种生产工艺短期内无法全部被取缔，产业结构调整也不可能一蹴而就。其次，能耗和成本问题、产品质量和环境污染等问题成为电弧炉生产和发展的绊脚石。电弧炉炼钢生产工艺流程中消耗因素较多，其中电能占据生产成本很大的比例，造成电弧炉炼钢能耗和生产成本较高。随着包含各种有色金属材料的汽车、家电等走入寻常百姓家，难以解体分离的产品不断增加，残余有害元素以及杂质元素会影响电弧炉炼钢的产品质量。此外，电弧炉炼钢过程中有毒气体二噁英的排放量较大，对生态环境以及人体健康造成很大威胁。

针对目前钢铁行业技术升级面临的问题，在政策方面，政府需制定与之配套的奖惩机制作为技术更新的政策保障，积极营造有利于电弧炉炼钢发展的政策环境，对废钢回收的规范工作给予持续关注，促进废钢加工配送基地的建设；同时，通过推动电力体制改革降低工业电价，为电弧炉炼钢提供良好的条件。**在技术方面**，提高电弧炉炼钢冶炼效率，优化生产工艺，加强精细管理与操作，充分利用钢水中化学反应产生的化学能和所排放废气中的物理能，如采用二次燃烧技术和废钢预热技术；同时，加强关键技术的研发及成果转化，为了降低成本，应尽快实现关键技术产品的国产化，积极制定相关标准和评价体系。

②氢能直接还原铁技术

除了调整工艺流程以补齐钢铁脱碳的短板外，"氢能"也在钢铁脱碳路径中被寄予厚望。

氢气清洁高效，无污染物产生，作为炼铁还原剂中的重要组成部分应用在众多的现代炼铁工艺中。铁矿石需要利用氢气和一氧化碳作为还原剂移除自身的氧成分，形成中间铁产品，并产生二氧化碳和水。直接还原铁技术则力求将工艺中氢气的比例增加至近100%，通过采用零碳制氢方式生产的氢气直接还原铁，在炼铁工序中产生水而非二氧化碳，帮助达成钢铁生产零碳化的目标，从而实现钢铁行业脱碳的下一个技术飞跃。

我国也在持续探索氢能在钢铁行业中的角色，目前仍处于起步阶段，氢能的应用还没有找到能够快速降低成本的方法，因此要在炼铁工序中应用此类技术，对时间和金钱的消耗都是不小的挑战。此外，氢气直接还原铁技术的全面转型依赖于绿色能源的产能、电解水技术的成熟、氢气的配套储运等，同时目前我国氢冶金产业链的核心部件产量不充足，**因此氢能的商业化运营和其在炼铁工序中的全面推广还需经过市场的考验，也更需要未来相关技术的产业链式的发展和政策措施的大力支持**。政府相关部门也应成立国家氢能领导小组，做好氢能产业链的顶层设计，制定并完善专项规划和政策体系。

③ CCUS 技术

碳捕集、利用和封存技术的概念近年来在钢铁行业的减碳路径中持续发酵，例如将生产过程中产生的废气转化成燃料和化学制品、使用高炉煤气生产甲醇等技术的涌现，这些技术的诞生意味着钢铁行业正处于实现 CCUS 技术广泛应用的过渡阶段。

高炉炼铁过程中会产生一种叫作"高炉煤气"的副产品，高炉煤气是炼钢过程中最大的碳排放源，运用"变压吸附法"实现高炉煤气的再循环和捕集是目前钢铁行业最成熟的技术。钢铁生产中的大量二氧化碳源于燃烧后的烟气，因此钢铁厂更倾向于运用燃烧后捕集技术对二氧化碳进行捕集，其中"变压吸附法"就是燃烧后捕集技术中的一种。"变压吸附法"从高炉煤气中捕集二氧化碳，并将剩余气体中的一氧化碳提纯后回流到高炉中再利用。[一] 该技术能耗低、适应性强，是未来 CCUS 技术在钢铁厂应用的重要落脚点之一。CCUS 技术除了能够使捕集的二氧化碳在钢铁厂外部使用或永久性地质储存外，还能够提高能源效率，在工艺环节中去除二氧化碳间接提高了废气中氢气的占比，这些氢气随后可在钢铁生产工艺环节之间进行再循环，从而降低了燃油输入要求。[二]

[一]　杨正山.钢铁高炉煤气的二氧化碳捕集技术研究 [D].北京：华北电力大学，2019.
[二]　IEA 的《世界能源技术展望 2020——钢铁技术路线图》。

考虑到我国钢铁行业的碳减排路径以及目标，预计我国的钢铁厂将会加速部署应用CCUS技术，包括对现有高炉进行改造，布局新型炉具设备使高炉具备CCUS技术应用能力等。另外，坚持在技术端降低碳捕集成本、应用端健全制度体系始终是贯穿CCUS技术的基石。

2. 水泥行业

作为建筑和基础设施系统的"皮肤组织"，水泥是世界上使用最广泛的建筑材料。伴随着城市化的快速蔓延，水泥让我国铺平了一条条四通八达的道路，建起了一幢幢高楼，塑造着城市的框架和全貌。也正是由于人们对水泥的高需求及其固有的原料结构和生产工艺，水泥天然就是二氧化碳排放大户，因此跟踪并限制水泥的碳排放足迹对推动城市可持续发展、实现碳中和愿景至关重要。

（1）水泥行业现状与未来展望

1）水泥行业的"碳"在哪里

水泥行业的碳排放量约占全球碳排放总量的7%，2020年我国水泥生产过程中因燃烧直接排放的二氧化碳，以及生产过程中因消耗电力间接排放的二氧化碳约占我国碳排放总量的13%。[一] 水泥行业是仅次于钢铁行业的第二大工业二氧化碳"排气筒"。

我国是水泥生产大国。水泥行业在历史推进中始终对我国经济建设的发展起着夯基垒石的重要作用，是支撑我国国民经济建设的重要原材料。尽管近几年我国水泥行业产量增速放慢了脚步，但我国水泥企业仍然是全球水泥客户的最大供应商。我国的水泥产量在2014年达到峰值后逐年降低，此后在2016年、2019年有小幅度上涨，并且2020年在全球水泥产量大幅降低的背景下，我国顶住新冠肺炎疫情的冲击承担了全球73%的水泥产量。[二]

　　[一]　数字水泥网发布的《2020年中国水泥行业"走出去"调研报告》。

　　[二]　国家统计局。

水泥生产过程中二氧化碳的直接排放源于以石灰石为主的生料在高温煅烧环节的分解和燃料煤炭的燃烧，间接排放源于各环节的电力消耗。

水泥的产业链分为上游原料开采、中游生产制造以及下游基建应用。其中最关键的生产制造过程需经过**"两磨一烧"**，即生料研磨、窑内煅烧以及熟料研磨三个阶段（见图3-10）。首先将石灰石、黏土、铁矿石等原材料按照一定比例混合后放入生料磨内磨成粉状，然后将粉磨后的生料送入水泥窑内，在约1450℃高温下煅烧制成熟料，熟料再混合一定的矿渣、粉煤灰、石膏等材料磨成粉状，最终制成水泥。水泥生料中石灰石的占比达到75%以上，其在水泥窑的高温煅烧过程中生成石灰，并释放大量的二氧化碳。水泥生产过程中排放的二氧化碳，50%左右是由石灰石的上述化学反应产生的，40%来自将水泥窑加热到煅烧温度所需的化石燃料燃烧，最后的10%由设备运行消耗电力以及开采和运输原材料环节产生。因此，水泥的碳排放量在很大程度上取决于每吨水泥中的熟料比例、生产过程的燃料类型以及设备效率。

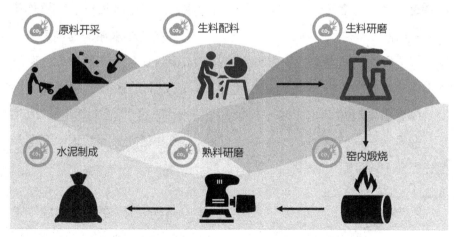

图 3-10　水泥行业碳排放

资料来源：安永研究。

2）2060 年，水泥行业的"零碳"未来

2021 年初，中国建筑材料联合会向全行业发出倡议：我国建筑材料行业要在 2025 年前全面实现碳达峰，水泥等行业要在 2023 年前率先实现碳达峰。基于"30·60"目标，水泥行业需要在 2060 年前实现全面脱碳。[⊖]

为达到这一目标，**未来，我国水泥行业的水泥窑技术设备将全面革新**。中国建筑材料联合会对水泥行业明确提出了以引领世界水泥工业的技术装备作为发展方向的目标，要求水泥工业技术装备在一些重要领域实现超越，例如开发新型干法水泥工艺技术、新型低碳水泥生产技术、水泥生产先进节能减排技术、水泥碳捕集技术等。[⊜]基于 IEA 对水泥行业路径愿景的假设，到 2030 年，碳捕集技术在水泥行业中将有一定的商业规模；到 2050 年，熟料替代品的需求将比今天增加 40% 左右，而此时传统替代品（粉煤灰和高炉矿渣）的供应量可能会开始下降。此外，预计 2050 年碳捕集技术能够捕获水泥行业 25% 的碳排放。[⊜]

未来，我国水泥行业需求将稳步下行。中国水泥协会执行会长孔祥忠认为，2015～2025 年是我国水泥消费高峰平台期，之后消费量会逐年平缓下降。到 2050 年，从需求层面考虑，我国基础设施、城镇化建设和交通水利等重大工程建设已经有较强的支撑，对水泥的需求将趋于稳定。从供给层面考虑，我国将持续提高水泥行业的产能利用率，坚持贯彻错峰生产、去产能化等挤压水泥生产线空间的政策，切割过剩供给。综合供需趋势，水泥需求规模会逐渐压缩。预计 2030 年和 2050 年，世界水泥总产量将分别为 42.5 亿吨和 46.9 亿吨，而我国水泥总产量分别为 15 亿吨和 7.5 亿吨。[⊗]

⊖　中国建筑材料联合会发布的《全力推进碳减排，提前实现碳达峰——推进建筑材料行业碳达峰、碳中和行动倡议书》。

⊜　中国建筑材料联合会发布的《2030 年中国建材工业"创新提升、超越引领"发展战略》。

⊜　国际能源署发布的《技术路线图：水泥行业的低碳转型》。

⊗　IEA 和水泥可持续倡议组织发布的《技术路线图：水泥行业的低碳转型》。

（2）水泥行业"脱碳"行动指南：如何把握机遇，赢在未来

在快速响应国家碳达峰、碳中和的行动中，面对既要保障行业"稳增效不后退"，又要激励企业"促创新降污染"的双重挑战，水泥企业将选择何种"组合拳"出击？基于技术发展成熟度以及经济成本效益等层面的考量，我们需要依次用好**碳减排**、**碳捕集**和**碳吸收**三个抓手，实现从源头限制碳排放、从终端二次封锁碳排放以及利用其他手段减少碳排放，助力实现碳中和的终极约束目标。

1）三大举措助力水泥碳减排

针对碳减排路径，考虑到技术落地的难易程度以及技术发展阶段等因素的影响，下面主要从提高能源效率、采用替代燃料以及采用替代原料三个方面进行深入探讨。

① 提高能源效率

减少各工艺环节产生的热损失，提高水泥窑热效率。 在水泥熟料煅烧过程中，水泥窑的热损失越大，为达到煅烧温度所需消耗的燃料则越多，从而导致二氧化碳的过量排放。因此，通过技术推广、工艺优化提高水泥窑热效率实现碳减排是当前各水泥企业始终坚持的目标。未来水泥行业提高水泥窑热效率的技术变革始终离不开以下几个方面：一是减少筒体热损失，例如应用国际先进的隔热材料；二是减少不完全燃烧的热损失，例如依靠新型大推力煤粉燃烧器技术增大煤粉与氧气的接触面积，提高燃烧效率，降低热耗；三是减少熟料冷却的热损失，例如应用稳流篦式冷却机优化冷却效果，降低熟料冷却后的温度；四是减少废气造成的热损失，例如针对新型干法水泥窑应用换热效率高的预热器系统降低废气温度，并重视窑系统的密封堵塞降低废气体量等。

尽管我国水泥窑煅烧相关的技术装备已经进入了蓬勃发展阶段，但为使热损失尽可能降到最低，炉窑优化技术达到世界先进水平，我们仍需不断求索。**在技术方面**，我国窑系统的传热理论还在不断探索和完善的路上，国内智能工厂仍处于初级发展阶段，未来应不断优化炉窑智能管理系统，从科学和数据的层面自动调节与监控影响炉窑热效率的喂煤量、过剩空气系数等运行参数。此外，如何用性价比更高的方式让新型变革技术在工业炉窑上推广和应用也将是技术革新的持久命题。**在政策方面**，加速构建市场导向的绿色技术创新体系，为节能环保等领域布局一批前瞻性、战略性、颠覆性科技攻关项目，充分发挥国家科技成果转化引导基金的作用，强化创业投资等各类基金引导，支持绿色技术创新成果的转化应用。⊖

广泛应用余热回收发电技术提高工厂电效率。水泥行业是吞噬电力能源、热力能源的巨大猛兽，充分利用好水泥余热，进行余热发电改造是目前水泥行业节能减排的有效途径之一。水泥余热发电，是指直接对水泥窑在熟料煅烧过程中窑头窑尾排放的余热废气进行回收，通过余热锅炉产生蒸汽带动汽轮发电机发电。按照 2018 年水泥行业消耗 2.43 亿吨标准煤计算，2018 年可回收利用的水泥余热资源至少达 0.73 亿吨标准煤。由于减排绿色制造体系的搭建，以及国内余热发电技术的日渐成熟，我国水泥行业余热发电技术的普及率达到了 80%。未来，随着国家政策的日益完善，水泥窑余热发电技术的普及是水泥行业发展的必然趋势。

> ⊘ │ 举例：葛洲坝某水泥发电项目是一个装机容量仅为 0.9 万千瓦的小项目，却在创造着巨大的经济和社会效益。此项目是一个纯低温余热发电项目，将水泥窑中的热能转化为电能，其年发电量达到 5000 万千瓦，节约了 1800 吨标准煤的使用，并且降低了废气的排放温度以及含尘浓度。⊜

尽管我国的余热发电技术在目前的水泥行业节能减排道路上发挥了

⊖ 国务院发布的《国务院关于加快建立健全绿色低碳循环发展经济体系的指导意见》。
⊜ 颜新华. 水泥厂里的发电厂！清新环境让环境更"清新"[N]. 中国电力报, 2021-06-07.

重要作用，但目前仍然存在限制，正在建设和已运行的新型干法水泥生产线对于电能仍旧保持着很强的依赖性和消耗性，但部分水泥企业依旧存在发电量不理想、波动大的运行问题，下一步技术革新需要更多关注稳定发电量、提高热能利用效率的设计优化层面。

② 采用替代燃料

水泥窑协同处置废弃物技术实现废物和排放"双管齐下"。你想过有一天"处理废弃物"和"降低水泥能耗"两个从字面上看联系并不紧密的环境问题可以通过一项技术同步改善吗？水泥窑协同处置废弃物技术是实现变"废"为宝同时降低能耗的重要途径。水泥窑协同处置废弃物技术将废弃物作为水泥煅烧的替代燃料，通过减少煤的使用，一方面降低了水泥生产的能耗，另一方面降低了废弃物对环境的污染。德国、瑞士等发达国家在水泥窑协同处置城市固体废弃物和生活垃圾的推广应用上已有30余年的历史。我国对此项技术的应用还处于起步阶段，但对其给予了高度重视，并将其作为《水泥工业"十三五"发展规划》的重点建设任务之一。

> ✍ | 举例：新冠肺炎疫情期间，湖北省某大型水泥公司干法水泥回转窑通过水泥窑协同处置技术，将医疗废弃物放入水泥窑中经1800℃高温焚烧，帮助协同处理了大量医疗废弃物，同时将城市生活垃圾和医疗废弃物转化为可替代燃料，实现了垃圾的无害化处置，帮助政府解决了"垃圾围城"难题。

在推广技术的同时，我们也需要不断地优化，以突破目前技术的局限。在使用水泥窑协同处置技术处置危险废弃物时，要重点关注以下两个问题：首先是水泥窑协同处置危险废弃物期间可能出现的环境污染，包括燃烧前的危险废弃物运输泄漏风险，燃烧后废弃物产生的废气和废液对环境的二次污染；其次是危险废弃物中微量元素对水泥质量稳定性的影响。

在政策层面，我国正在重点城市大力推广垃圾分类，未来国家对于垃圾分类的要求将会更加严格，同时推进细化垃圾的分类颗粒度，提高垃圾的回收利用效率。此外，国家将会出台更完善的水泥工业处置废弃物的法规和标准，建立全面、完整的应用体系。**在技术层面**，对水泥窑协同处置废弃物技术各方面的探索将会不断加深，利用更准确的垃圾窑内投放手段、更高的处理效率消灭更多的高危类型垃圾，提高经济效益。

生物质燃料替代技术聚焦清洁能源的"煅烧价值"。与其他基于单一燃料的工业制造相比，水泥窑具有灵活性，可以在无须大量设备翻新的情况下使用多种燃料进行操作，这使它们在有着碳排放限制的世界中具有成本效益，同时也为生物质燃料替代技术的发展提供了舞台。由于水泥窑的煅烧特性，对于火焰温度要求较高，生物质燃料不能满足水泥窑的煅烧要求，因此一般会在水泥窑前端，对生料进行加热分解的分解窑内燃烧。[一]

基于技术的发展，生物质燃料不需要成型，经过收集和预处理后，运输进厂储存在堆棚中，使用时经过拆包、粉碎、储存、输送、进分解炉燃烧几个步骤。从已投产运行使用生物质燃料的水泥厂来看，生物质燃料替代部分化石燃料，采用新型干法回转窑工艺煅烧水泥的技术可行性较高，具有很大的推广价值。由某大型水泥生产企业建设的国内首条生物质替代燃料系统，每年可处理秸秆等生物质"废物"15万吨，节省原煤4.9万吨，这让无人问津的秸秆变得紧俏起来。[二]

③ 采用替代原料

工业固废替代原料推动可持续发展。考虑到水泥熟料的化学元素构

㊀ 黄锦兵，陈刚.生物质燃料在水泥厂的应用 [J].水泥，2017(11)：32-34.

㊁ 人民网.高质量发展的"海螺实践"[EB/OL].(2021-2-09) [2021-04-29]. http://ah.people.com.cn/GB/n2/2021/0209/c227767-34573829.html.

成，如果将含有同类化学元素但生产过程中不额外产生二氧化碳的物质作为替代原料，是否能有效减少熟料生产过程中二氧化碳的排放呢？未来将会给予我们一个肯定的"是"。改变原料组成是在实现水泥碳中和的过程中我们需要直面的重要可靠方法，无捷径可走。目前我们常将造纸污泥、电石渣、炉渣等工业废弃物作为替代原料，以在实现工业废弃物的综合利用的同时减少二氧化碳排放量（见表 3-1）。现阶段我国通过原料替代减排的地区主要集中于华北和西南地区，这两个区域是我国磷渣和钢渣的主要产地。在一些钢铁、煤炭产量大的地区，如江苏、内蒙古、新疆等地，原料替代程度较低，仍有较大的替代减排潜力。[◯]

表 3-1 可在水泥厂处置的典型替代原料

替代原料	**钙质替代原料**	干化污泥、工业石灰、石灰浆、电石渣、饮用水淤泥
	硅质替代原料	铸造砂、微硅、废催化剂载体、硅石废料、石英砂岩粉、石英砂岩尾矿
	铁质替代原料	炉渣、硫铁矿尾矿、赤铁矿渣、赤泥、锡渣、转化炉灰
	硅铝钙综合替代	洗矿场废物、飞灰、流化床灰渣、石材废物

尽管有一些水泥替代原料的研究和实践，但当前仍存在障碍限制替代原料技术的发展。首先，替代原料存在影响水泥质量的风险。化学元素的构成以及比例决定着水泥质量，例如磷元素的超标会降低水泥的早期强度并导致更长的凝固时间。因此下一阶段需要不断摸索替代原料的可行性和煅烧稳定性。其次，当前市场对于替代原料的接受度不确定，目前和替代原料配套的政策标准还不够完善，需求方大部分仍处于观望阶段，国家标准和替代原料生产的水泥性质之间仍存在不匹配，需要技术和体系同步完善以获得市场的信任。

2）CCUS 技术赋能水泥碳捕集

计"二氧化碳"之在"排放"，不似稊米之在大仓？碳捕集技术的

◯ 高天明，沈镭，赵建安，王礼茂，刘立涛，钟帅.中国水泥熟料排放系数差异性及区域减排策略选择 [J].资源科学，2017，39(12)：2358-2367.

发展是未来能够快速减少水泥行业碳排放最有效的方法，同时也是一项巨大的挑战，其困难程度就好似在"谷仓"中寻找"米粒"，但倘若将"米粒"聚集起来供给需要米粒的人，便能实现其真正价值。

基于水泥的工业流程制造特点，目前燃烧后二氧化碳捕集技术是水泥行业适用性最广的技术。基于燃烧后二氧化碳捕集技术，对现有的和新建的水泥厂的传统窑炉进行改造相对容易，因为二氧化碳是从水泥厂的废气中捕集的，因此不会影响现有的水泥生产过程，无须大幅度改变水泥的生产工艺，仅会影响水泥生产的能源管理策略以及启动关闭流程。[⊖] 此外，水泥窑废气的二氧化碳浓度比其他烟道气流（包括燃煤发电厂的烟道气流）要高，增强了燃烧后二氧化碳捕集技术在该行业的潜力。在可用的燃烧后二氧化碳捕集技术中，化学吸附法是最成熟的，迄今为止，已达到水泥厂的最大示范规模，并且为现有设施的改造提供了风险最低的途径。

> ❷│举例：某大型水泥企业下属水泥厂碳捕集纯化示范项目是水泥行业首个水泥窑碳捕集纯化示范项目，2018 年底建成并投入运营。其利用化学吸附法从水泥窑中捕集二氧化碳，再通过脱硫、吸收、解析等工序，得到纯度 99.9% 以上的工业级和纯度 99.99% 以上的食品级二氧化碳液体，依据现有产能计算，每年约能捕集 5 万吨二氧化碳。

CCUS 技术在水泥厂的应用还有很长的路要走，首先要面对**成本高**的问题。碳捕集技术对二氧化碳的浓度有较高的要求，水泥生产过程中二氧化碳的浓度在 20%～30%，需要把二氧化碳的浓度提纯到 95% 以上才能进行捕集，因此导致二氧化碳捕集成本较高。其次在成本高的背

⊖ ECRA. Carbon Capture Technology—Options and Potentials for the Cement Industry; TR 044/2007; European Cement Research Academy GmbH: Düsseldorf, Germany, 2007.

景下，还要面对**成本与收益不对等**的问题。2020 年国内 8 个碳排放权交易试点市场均价在 17～92 元 / 吨，⊖ 水泥行业属于二氧化碳排放浓度低的行业，因此碳捕集技术成本在 40～120 美元 / 吨，⊜ 导致小规模水泥厂会选择成本更低的碳排放权交易而非碳捕集。我国作为全球水泥生产大国，最终必将成为实施 CCUS 技术的最大新兴市场，而如何通过技术进步提高捕集效率和经济效益是我国水泥行业稳步迎接 CCUS 市场春天的关键。

3）绿色水泥与矿山助力水泥碳吸收

① 新型水泥变身为吃"碳"能手

当所有人的目光都聚焦在水泥的碳足迹上时，新型水泥利用逆向思维正在向传统水泥发起挑战。新型水泥将关注点转移到水泥硬化过程，让水泥也能变成吃"碳"能手。英国某公司就凭借一种"可吸收二氧化碳的绿色水泥"获得了 2014 年英国和爱尔兰的 Rushlight Award 奖，该新型水泥用镁硅酸盐取代天然石灰石，和上文提到的水泥替代原料技术的目的不同，它除了能够减少煅烧环节的二氧化碳排放外，还有一个非常重要的目的，就是每吨由镁硅酸盐制成的绿色水泥能够在硬化过程中吸收 0.6 吨的二氧化碳，而其生产过程中每吨水泥只产生 0.5 吨二氧化碳，⊜ 因此形成了二氧化碳的负排放，抹除了"碳足迹"。新的环保配方意味着水泥行业可能从二氧化碳的重要排放者转变为重要吸收者。尽管新型水泥的实验室工作正在全球如火如荼地进行，但同时新型水泥也面对很多挑战，例如需要考虑合适的自然资源的地质可利用性和全球原料资源分布，需要为确认新型水泥的适用性进行广泛验证。但这从侧面印证了水泥行业碳吸收的全新探索道路，在不断研发改进技术的背景下，开发适用性更强、二氧化碳吸收潜力更大的新型水泥将成为可能。

⊖ Wind 数据库。

⊜ IEA (2021), https://www.iea.org/commentaries/is-carbon-capture-too-expensive。

⊜ 一种能吸收二氧化碳的"绿色水泥"[J]. 建筑砌块与砌块建筑，2014(2)：36.

② 绿色矿山从内而外焕发生机活力

绿色矿山永远不是仅仅停留在绿化的层面。对于水泥企业来讲，绿色矿山的建设首先要**"有面子"**，通过种草、植树等一系列环境治理措施修复"满目疮痍"的矿山，使其重新变成二氧化碳的"吸尘器"。其次要**"有智慧"**，通过对生产过程的动态实时监控，将矿山生产维持在最佳状态和最优水平，借助现代高新技术和全套矿山自动化设备来提高生产效率和保障经济效益，在提高矿山开采效率的同时，通过节约资源、降低能耗间接减排，抓住每一个能够助力实现碳中和的机会。

由于矿山对于传统水泥企业的角色发生了重要转变，因此水泥企业必须改变原来对矿山无条件索取、开采的观念，聚焦在精准开发和利用矿山上。2017 年六部委联合印发的《关于加快建设绿色矿山的实施意见》中就曾指出，对绿色矿山的建设要达到以下要求：矿区环境规范整洁；合理利用资源；矿区生态环境保护与恢复；建设现代数字化矿山；树立良好矿山企业形象。其中对开采后的矿山采取恢复植被、护坡等措施对于实现碳中和具有重要作用。自然资源部发布的 2020 年全国绿色矿山名录中，共有 301 家矿山通过遴选，许多传统水泥大厂均加入战队。

> 举例：某大型水泥公司长期致力于绿色矿山的建设，其 2020 年共计 8 家矿山登上全国绿色矿山名录，践行绿色矿山绿色治理，利用清理边坡浮石、土壤营养化、绿色种植等行动恢复矿山生态面貌。它还对旗下矿区进行数字化建设，通过矿山监控、矿石输送在线分析系统等数字化手段实现矿山智能化发展。

水滴石穿非一日之功，**企业方面**需要提高认知，龙头水泥企业更要承担起对环境的责任，将绿化矿山逐步贯穿于企业发展战略中，避免盲目冒进，求数量不顾质量。同时，**政府方面**也需要组织开展熟料生产企业配备矿山资源督查，为提高资源综合利用水平，出台有关水泥石灰石矿山资源专项政策，引导矿山资源不匹配或无资源的水泥熟料生产线退出市场，⊖ 填补当前惩戒措施薄弱的缺口，并且给予绿色矿山项目更大的政策支持，解决治理难度大、治理成本高的问题。

水泥行业脱碳并非易事，且目前尚未发现有哪种低碳产品可以完全替代水泥对于建材的重要作用，这意味着，**短期的脱碳路径**更多是通过生产环节的技术革新减少碳排放。同时，**行过中半的脱碳路径**则要坚持寻找更有效的非石化基材料替代石灰石原材料，坚信走好水泥行业的脱碳之路必将从原料端进行颠覆。预计到 2050 年，水泥行业在采取其他常规碳减排行动后，全球水泥行业与 2020 年相比将减少 48% 的碳排放。⊜ **长期的脱碳路径**必定需要借助碳捕集技术的东风，打赢这场以碳中和为目标的战役。

水泥行业的脱碳之役虽"行路难"，但终会"直挂云帆济沧海"。

3. 化工行业

和钢铁、水泥行业一样，化工行业也是我国国民经济生产与制造环节中的一个重要支柱。如果说钢铁是工业的"粮食"，水泥是建筑和基础设施系统的"皮肤组织"，那么化学工业和化工产品则是为国民生产生活创造和输送必需品的重要血脉。但与钢铁和水泥行业不同的是，化工行业的碳排放量要小得多。

（1）化工行业现状与未来展望

1）化工行业碳排放总量有限，但排放路径复杂

化工行业包括化学原料及化学制品的生产制造以及过程中涉及的化学工艺流程。2018 年，化工行业的二氧化碳排放量占我国总排放量不到 5%。从总量占比的维度来看，化工行业对二氧化碳排放的影响并不大。

⊖ 中国水泥协会发布的《水泥行业去产能行动计划（2018—2020）》报告。
⊜ IEA 和水泥可持续倡议组织发布的《技术路线图：水泥行业的低碳转型》。

看到这里，你会不会松一口气？但如果你去翻看国家发展改革委 2020 年划分的高耗能行业，你会发现化工行业赫然在列——化工行业被划为六大高耗能行业之一，也是我国在实现碳中和路上节能减排的重点关注对象。

为什么会这样？其实，相较水泥和钢铁行业，化工行业的产业链更加庞大和复杂。上游产业是原油、煤炭开采和各种化学矿（磷矿、钾矿、硫铁矿等），下游产业则是一系列的衍生产品，如二甲醚、聚氯乙烯、尿素、腈纶……这些名字你可能有些陌生，但如果你知道了二甲醚可用于车载的清洁燃料，聚氯乙烯可制成下雨天穿的塑料雨衣，尿素在农业中促进农作物生长，腈纶可用作我们衣服的布料……你可能会增加对化工产品的熟悉感。

正是因为化工行业的上游是煤炭开采、煤焦化等大量释放二氧化碳的"粗活"，下游又细致地渗透到我们的日常生活中（见图 3-11），产品类别非常丰富，所以对应到不同的生产线，化工行业的碳减排路径更加复杂。

图 3-11　化工行业碳排放

资料来源：安永研究。

此外，我国一方面提出碳中和的目标，另一方面也需要继续保持国民经济的长期增长，而化工行业是我国国民经济的刚需，这意味着对化工行业的需求并不会减少。即使化工行业的碳排放量没有水泥和钢铁行业那么大，在总量绝对值上也是一个庞大的数值，因此碳减排方面的压力也不小。

我们在这里讨论的化工行业是指基础化工行业，因为它是我国化工行业的主要部分，也是化工行业碳排放的主要来源。从上游的煤炭和石油开采的角度看，基础化工又分为煤化工和石油化工。三大基础化工产品——塑料、化学纤维和合成橡胶，与人们的衣食住行息息相关。相较于需要高精尖技术的精细化工，我国基础化工的生产已经具备规模性，产量大，与国民经济收入直接相关，而且技术门槛十分"接地气"，大小化工企业都在应用。

2）化工行业的"碳"在哪里

想要实现化工行业的碳中和，我们需要先找到化工行业的"碳"在哪里。基础化工的主要产品是有机物，有机物的显著特征就是包含碳元素。这些碳元素从哪里来？煤炭给化工行业提供了最原始的原材料，包含大量的碳元素和少量的氢元素，石油的主要组成部分也是碳氢化合物，还包含少量的硫、氧等元素。

你可以想象这些碳元素的旅程：它们从煤炭或石油出发，通过燃烧（即氧化，与氧结合）等一系列的化学工艺，迁移到了最终的化工产品中。不同的化工产品需要的碳的比例不同，例如塑料里的碳通常与氢和氧按一定比例结合在一起。在生产过程中，有的二氧化碳是制备产品的化学反应过程中附带的生成物，而有的碳元素因为"挤"不进化工产品对碳所需要的特定比例中，成了多余的部分，只能"跑"出来，而在外与氧充分结合，就有很大可能产出二氧化碳。

那么如何统计产生的二氧化碳的多少呢？ 由于化工行业涉及许多复杂的生产环节，其中的二氧化碳排放量是用核算法来统计的，而非在线监测。根据《中国石油化工企业温室气体排放核算方法与报告指南》，我国化工生产中的碳排放主要分为五个方面，分别是燃料燃烧二氧化碳排放、废气的火炬燃烧二氧化碳排放、工业生产过程二氧化碳排放、二氧化碳回收利用量、净购入电力和热力隐含的二氧化碳排放。通过加减算法，可以核算出化工企业二氧化碳的排放量。

3）2060年，化工行业的"零碳"未来

在了解化工行业的碳是如何产生的后，实现碳中和的路径将更有针对性。到2060年，以煤炭为基础的生产路线仍会在化工行业中发挥重要作用，但规模会比当前小。煤化工的生产规模和影响程度如何变小呢？我们需要采用CCUS技术，还有Power-to-X（电力多元化转换）技术，即把电力储存到X物质，这个X可以是氢气、甲烷、甲醇等各种储能物质。

在运用CCUS技术时，由于煤化工行业的二氧化碳排放量大而且纯度比较高，二氧化碳更容易被"捕捉"到，因此碳捕集成本相对较低。在煤化工或石油化工生产过程中捕集的二氧化碳，既可以封存，也可以用作原料，生产对应的产品。只要这些产品可以回收再利用，或在燃烧过程中再次使用CCUS技术，整个系统将是零碳排放的。

Power-to-X生产路径是以氢和碳为基础元素的有机转化过程。Power-to-X生产路径使用零碳电力电解水生产氢气，也就是绿氢，再以氢气、一氧化碳、二氧化碳为主要原料进行化学合成反应。在这里，二氧化碳作为反应物参与化学反应，它可以是燃烧尾气、工业生产或CCUS过程中产生的二氧化碳。

在未来，上文提到的三大基础化工产品还可能会被生物基的高分子材料替代，形成循环经济发展模式。比如利用CCUS技术捕集的二氧化碳结合回收的混凝土颗粒再利用，以提高材料强度；从空气中直接捕集二氧化碳制作固体混凝土材料；利用基因工程技术对塑料水解酶进行改造实现降解和循环等。

（2）化工行业"脱碳"行动指南：如何把握机遇，赢在未来

1）新型供给侧改革加速脱碳进程

碳中和将为化工行业带来新一轮高质量的供给侧改革。没错，这里出现了政府工作报告中经常提到的供给侧改革。我们在前文提到化工行业为国民输送生产生活必需品，在碳中和的背景下，化工行业的产品、生产方式可能都会有非常大的革新，因此在生产生活必需品或原材料的供给比例与种类上也会有很大的创新空间。

虽然碳中和直接"消灭"的对象——二氧化碳是化工行业生产过程中难以避免的排放物，但是对于化工龙头企业来说，企业积累的自身生产存量（即现存产量）的优势，反而可以应用到碳中和的政策红利中。

化工行业的市场不会是一个完全自由竞争的市场，龙头企业更具竞争优势。否则，化工行业的所有企业都可以自由进入或退出竞争且在二氧化碳排放方面受到很小规制。一旦有碳中和的限制，化工行业的能源消费结构和工业生产过程都会受到约束，企业不能随心所欲地扩大产能。这个时候怎样才能更有效率呢？政策制定者会更加关注"挑大梁"的龙头企业。龙头企业不仅能利用政策的利好面，也能在行业中有更多的议价权。这样一来，小企业就逐渐要去产能、转型，甚至一些环保不合格、融资能力较差的小型化工企业会被淘汰。此外，随着原材料价格的上涨，部分中小企业难以保证原料供给。同时，小型化工企业还存在融资困难，甚至资金链断裂的风险。相反，龙头企业反而越做越强，优秀企业的能效指标达到世界领先水平，且越来越规范化。虽然小型化工企业存在着这样的阵痛期甚至会"牺牲"，但就整个化工行业而言，提升了行业运行的效率。这是"供给侧结构性改革"提供的机会。

当前，多地已经开始进行政策方面的引导。内蒙古印发"十四五"能耗双控新政，提出了较为严厉的"十四五"能耗控制目标，打响了全国碳中和政策落地第一枪。文件还给出了各个行业的具体安排，在化工

领域，从 2021 年起，内蒙古将不再审批焦炭（兰炭）、电石、聚氯乙烯（PVC）、合成氨（尿素）、甲醇等一系列产品的新增产能项目。

所以，在碳中和背景下，**化工行业需要进行产业链的深度整合**。未来，我国的化工行业可能会有这样的趋势：现有的龙头企业继续保持行业优势，而运营业绩优良的基础化工民营企业积极布局市场高附加值细分领域，与现有龙头企业形成互相制约并共同竞争的格局。

2）全产业链发力实现碳减排

化工行业的碳减排主要是能耗和材料两个方面。化工行业要实现碳中和，可从三个方向发力：原料端、过程端和产品端。

① 原料端碳减排

在原料端，我们需要了解，煤炭和石油是我国化工行业的主要原料。石油化工主要在开采的时候产生二氧化碳，煤化工在燃料燃烧和作为反应物参与化学反应的过程中都会释放大量二氧化碳。我国有丰富的煤炭资源，可以依靠自身的煤炭储量发展煤化工，而石油的对外依存度却很高。

如果我们详细了解煤炭在化工生产过程中的角色，可以发现有的煤是原料煤，而有的则是燃料煤。原料煤参与化学反应生成我们希望得到的下游化学产品，燃料煤则为这些化学反应提供必要的热能。因此在原料端，**实现碳中和的一个可行路径是提高煤炭作为原料和燃料的使用能效**，而这与化工企业的技术水平和发展规划息息相关。一般来说，能效通常用生产出一吨的产成品需要耗费多少标准煤来评判。使用清洁煤炭提供能量，或者用绿氢直接参与化学反应，都可以促进"用最少的煤生产最多的产品"。

目前，我国化工行业的重要产品——甲醇和合成氨（由一氧化碳和氢气制成）的生产，在个别试点项目上可以接近甚至超过发达国家类似项目的能效水平。虽然我国煤炭资源丰富，但煤质不同，导致其在燃烧和作为原料参与反应的过程中的效果也不同。对于单个企业来说，提升能效是优化自身的成本结构，而整个化工行业并不能只靠个别企业的能效提升，行业全方位的能效提升还有很大空间。

② 过程端碳减排

化工行业的过程生产主要是指化学反应制备产品的阶段，反应设备的运行需要耗费大量的二次能源——电。耗电量较大的行业有肥料、电石、氯碱、黄磷等。由于我国电力结构以燃煤火电为主，耗电相当于间接耗煤。电石、PVC、硅晶板的制备都属于高能耗生产，也是化工行业成本中的硬骨头。

如何降低这些产品的能耗和成本？一种可能的方法是**使用风能、光伏等可再生能源发电提供的清洁电能，它们可以为化工生产上下游提供绿色低碳的能源供应**。我国某大型电解铝企业，也是青海电能消纳大户，已经在电解铝的生产过程中应用清洁能源，使电解铝从高污染产品变成了绿色产品，同时也因地制宜地利用了青海得天独厚的风能与光伏发电优势。

③ 产品端碳减排

要实现碳中和，在产品端可以**使用生物基材料实现对传统石油基材料的替代**，就像用风电、光伏发电替代传统煤电一样，这是一个很大的转型。未来，我们日常生活中使用的许多化工产品，比如手机壳，可能不再是用传统化工流程生产出来的塑料，而是用生物基材料生产的可降解的手机壳。

什么是生物基材料呢？我们知道，像塑料这样的产品其实是一种高分子聚合物，它由一个个微小的化学单体聚合而成。你可以把它类比成蜂巢的构架：许多六角形小隔间聚在一起，形成了大的蜂巢，而化学单体可以看作蜂巢的小隔间。生物基材料在分子结构上与传统石油基材料的不同之处在于，它的化学单体是由秸秆等可再生的生物质生成的，企业通过微生物合成或有机化学合成方法，把化学单体聚合成高分子，生产出生物基材料。用生物基材料替代传统石油基材料，既可以促进循环经济，也可以降低我国化工行业中石油的对外依存度，在战略意义上有利于我国的能源安全。

除了使用生物基材料，在整个化学工艺流程中，有的二氧化碳是由中间产品（如废气燃烧）产生的，因此**中间产品的循环利用**也是一种可发展的路径。我国某大型上市化工企业在这方面已经走在前面，它的炼化一体化项目主要产出成品油、芳烃和苯，另外将大炼化装置生成的炼厂干气等产品通过管道运送至乙烯装置进行深加工，产出乙二醇、苯乙烯、聚烯烃等烯烃产品。在项目工艺设计中，充分利用回收的炼厂干气，将其投入乙烯项目的加工，乙烯下游产出的燃料气和副产品液化燃料油再次投入炼油区与乙烯装置中重复利用，最大化利用原料，发挥大体量炼化项目内生的一体化循环加工优势，同时减少废能排除，在碳中和之路上迈出了坚实的一步。

3）制定企业级碳中和发展战略

多家化工龙头企业已纷纷制定并发布其碳中和相关发展转型战略，从可持续发展角度，布局低碳能源领域。

在石油化工行业，我国某大型石油集团正在制定新版《绿色发展行动计划》，从绿色产品和服务、绿色生产和工艺、绿色文化和责任三大方面落实公司绿色低碳发展战略。通过构建完善的绿色低碳决策考核机制、构建系统科学的应对气候变化风险评估体系、构建完整高效的低碳监测核查智能系统，进一步扩大国际国内合作，提升企业应对气候变化治理能力。

在煤化工行业，我国某煤化工龙头上市公司通过引进新型的洁净煤气化技术，形成了包含多个生产线的循环经济多联产运营模式。2020年，该公司生产的合成氨每吨的能耗为 1275 千克标准煤⊖，能效位于行业前列。在实现碳中和的道路上，随着煤炭指标逐渐收紧，煤化工龙头企业在不断进行创新的企业战略下，市场竞争力可以进一步增强。

⊖　华鲁恒升 2020 年年报。

交通行业脱碳

如果你觉得工业行业离你太过遥远，那么我们接下来说到的交通行业则与每个人的生活息息相关。日常生活中衣食住行的"行"，涵盖了从日常出门搭乘的地铁、出租车，到短途旅行时乘坐的高铁，再到长途旅行的飞机、轮船。这些我们再熟悉不过的交通工具在实现碳中和的路上又会发生怎样的改变？

（1）交通行业现状与未来展望

1）交通行业的"碳"在哪里

前文提到，目前我国交通行业的碳排放量占全行业的10%。或许你认为这个数字不足以引起我们的警惕，但是相较于目前能源、化工等行业碳排放量增速逐渐放缓的趋势，过去九年间交通行业碳排放量年均增长5%，这样的增速非常值得我们注意，寻其根源是由于我国城市化进程加快。交通行业碳排放如图 3-12 所示。

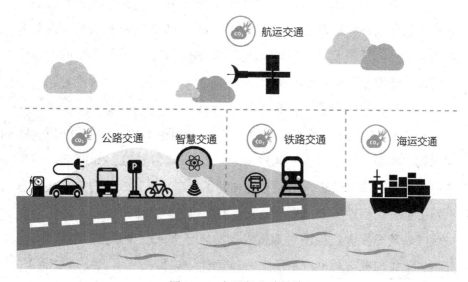

图 3-12 交通行业碳排放

资料来源：安永研究。

近些年来，我国日益重视交通行业碳排放问题，通过一系列措施大力发展公共交通，支持地面运输电气化，并兴建充电基础设施来降低交通污染的排放。这些举措的效果已经逐渐显现，以北京为例，2014 年出台的《北京市高污染燃料禁燃区划定方案（试行）》要求 2020 年底前北京城六区全面禁止燃烧高污染燃料，2015 年开始对纯电动车实行补贴……从北京市政府出台对燃油车的限行规定，再到大力发展地铁等在内的公共交通基础设施，加之设置明确的能耗总量及双控目标，使得北京碳排放强度为全国省级地区最低。

虽然这些举措在一定程度上减缓了交通行业碳排放量增速，但随着工业行业的扩张、GDP 增长以及道路等基础设施的修缮带来更多的客流量，仅交通行业努力实现的碳排放减少量并不足以抵消经济扩张所带来的碳排放量的增加。根据能源转型委员会（Energy Transitions Commission，ETC）发布的预测，如果考虑现实经济发展和人均 GDP 的提升，到 2050 年，我国交通运输部门的碳排放量可能会超过 33 亿吨，占全国总排放量的 1/3。我们急需在满足交通服务需求增长的同时，积极通过各种渠道寻找出口。尽管我们不断通过外在发展和内在激励措施试图降低碳排放，但如果想要彻底解决交通行业所带来的环境污染问题，终极办法是科技的革新以及人们出行方式与观念的转变。

2）2060 年，交通行业的"零碳"未来

未来 40 年，为彻底实现碳中和目标，交通行业将在公路交通、铁路运输、海运、航运等多种运输渠道开展低碳转型。**到 2060 年，道路交通将全面实现电气化**，路面上行驶的私家车、出租车、公交车甚至是铁路上运行的高铁将全部由电力或者燃料电池驱动，燃油汽车将被全面淘汰。现阶段我国已经通过政策的支持成了全球电动车推广的领先者。深圳、太原等城市的出租车已 100% 更换为电动车，"公共交通电动化"已经成为我国发展新能源一股不可阻挡的趋势。

我国也在一直不懈地**发展公路建设**，根据《中华人民共和国 2020年国民经济和社会发展统计公报》，仅 2019 年一年我国公路建设的投

资额就达到了 21 895 亿元，并保持逐年递增的趋势。公路的建设带来了更多快速高架路、高速公路以及整体城市乡镇交通布局的升级，这些改变将使人们的出行更加快捷、有效率，也有助于减少总体碳排放量。随着交通行业基础设施的完善，电气化和智能化水平的提升，人们的生活效率和品质也将得到大幅度的改善，推动国家实现"30·60"目标。

展望未来，**依托云计算、大数据、人工智能、物联网等技术发展智慧交通**，成熟的自动驾驶技术让出行变得更加通畅。届时，将建立起无数个城市生活圈，享受智慧路口和智能车互联互通带来的便利。设想下班后，车上的人工智能系统根据我们的需求自动规划路线，避开任何拥堵和事故路段。城市智慧大脑将自动根据交通拥堵程度智能控制交通指挥系统，而餐厅、咖啡厅和电影院也早已根据指令和时间分配进行下单、餐品制作。

我们不仅仅是能源的消费者，也会成为能源生产者。在可以预见的未来，随着分布式电源电网建设的普及，每一台电动汽车都是一个独立的"小型发电站"。同时低碳生活方式将逐渐渗入我们生活的点点滴滴，成为新时尚。举例来说，消费者可以将电动车里多余的电以高于购买的价格返还给其他供电主体，从而赚取差价；居民在日常上班选择骑车等更低碳环保的方式时，可以通过节约下来的碳兑换"碳点"，将积分转换为网上消费等。

我国公路交通产生的碳排放占交通部门总体碳排放的80%以上[○]，虽然海运、航运所占的排放量不高，但是却由于运输方式的本质特征很难实现快速减排，因此交通行业脱碳不仅要在公路交通和铁路运输的路面交通上发力，还要加快航运和海运的碳减排。

对海运交通而言，未来碳中和能否实现取决于新型技术能否被研发并投入使用。尽管2020年海运业总碳排放量相比2008年已经减少了

○　IEA 发布的 *CO₂ Emissions from Fuel Combustion*。

7%，但化石燃料仍然是船舶动力的主要来源。到 2060 年，短途旅程或者小型船舶将会大规模使用可再生能源生产的氢气或者氨气提供动力，而大型远洋船舶将依赖新型低碳或零碳燃料的开发。针对该问题，目前非政府研发组织国际海事研究基金（International Maritime Rescue Federation，IMRF）向每单位船舶消耗燃料强制征收 2 美元作为基金，以支持减排技术的研发。

相较于海运业脱碳主要面临的技术革新压力，航运业面临的则是成本和最优方案的测试与选择问题。航运业在实现全面零碳的进程中，将依靠氢能作为主要过渡方式，同时大力发展可持续航空燃料以及发动机技术。在未来，客运以及货运机都将向彻底脱碳大步迈进，与常规航油相比，可持续航空燃料有望将全生命周期二氧化碳净排放大幅降低 75% 以上，未来几年还可能实现进一步降低。[⊖] 届时，短途小型飞机将依赖氢气作为主要燃料，实现 100% 脱碳和零污染，而大型货运机或远途旅程将依靠可持续航空燃料的技术进步以及其他可替代能源的发展从而实现零碳排。

（2）交通行业"脱碳"行动指南：如何把握机遇，赢在未来

1）道路交通全面电气化

要使道路交通完全脱碳，最重要的一点，同时也是政府目前大力发展的一项举措就是道路全面电气化。也许这个词听来有些陌生，其中与我们生活联系最紧密的一条就是新能源汽车的全面普及。

新能源汽车为什么环保呢？ 新能源汽车的动力来自清洁能源，不会对环境产生污染。新能源汽车的种类包括纯电动汽车、燃料电池汽车、插电式混合动力汽车以及锂电池电动汽车。目前市面上普及的新能源汽车主要为纯电动汽车以及插电式混合动力汽车。前者需要使用充电

⊖ 中国航空新闻网 . 罗尔斯罗伊斯助力未来：可持续航空燃料的新突破 [EB/OL].（2020-11-16）[2021-04-29].http://www.cannews.com.cn/2020/11/16/99315257.html.

桩为其充电，但续航里程较短，主要作为城市内代步汽车。后者可以通过传动燃油或者充电桩充电，是传统能源向新能源过渡阶段的主要车型。

除了目前普及程度较高的纯电动和混合动力汽车，另外一股造车新势力也不能够被忽视，那就是氢能车。氢能这种近些年来发展迅猛、纯绿色的能源，使得氢燃料电池汽车有机会成为加速去碳化进程的有效工具。虽然对短途旅行来说，氢燃料电池汽车相比纯电动汽车没有太大优势，但对于长途出行，氢燃料电池汽车具有较长续航时间的优势就凸显出来。

新能源汽车不仅绿色环保，更具有低能耗、高转换率的优点。传统燃油车只能将储存在汽油中的能量的 12%～30% 转化为车轮的动力，而电动汽车可以将电力系统中超过 77% 的电能转化为车轮的动力，通过更高的能量转换率实现真正意义上的节能减排。[○]

除了具有环保和能量转换率高的特点，**新能源汽车的驾驶成本也远低于传统燃油车**。根据福布斯新闻报道的美国密歇根大学的研究，在美国使用新能源汽车一年的成本约为 485 美元，远低于传统燃油车的 1117 美元。新能源汽车不仅花费低，其维护成本也极具优势，因为新能源汽车的日常维护并不涉及机油、空气滤清器等燃油车需要的配件。与此同时，随着技术的创新以及经济规模的不断扩大，生产新能源汽车所需成本的未来走势也十分乐观。在不远的将来，随着充电桩数量增加、基础设施完善，以及新能源汽车电池能量密度和储电量的不断增加，新能源汽车将成为家用、短途运输、公共交通等各种出行工具的不二之选。

重型卡车目前是机动车尾气排放的污染大户，一辆重型卡车的尾气

○ US Department of Energy. All-Electric Vehicles [EB/OL]. [2021-4-20]. https://www.fueleconomy.gov/feg/evtech.shtml#:~:text=EVs%20have%20several%20advantages%20over, to%0power%20at%20the%20wheels.

排放甚至相当于 500 辆小轿车，因此卡车及客车的电气化已迫在眉睫。电动卡车可以大幅度减少营运成本，并降低各项维修保养费用。据悉，特斯拉最新发布的电动卡车 Semi 在 2021 年 7 月即将完工投产，相比传统燃油卡车，特斯拉的电动卡车每英里运行成本可节约 17%。在性能方面，特斯拉电动卡车空载状态下百公里加速仅需 5 秒，一次充电行驶里程最高可以达到 800 公里，标志着重型卡车电动化的重要创新。

　　新能源汽车的大力发展不仅来自技术和成本的改进优化，更来自政策的支持。**目前我国正通过一系列举措鼓励新能源汽车的技术研发、销售以及使用。**在北京，买车不是一件容易事，很多家庭为了一个车牌已经等待了 5 年以上。但相较于购买传统燃油车，北京市民有更高的概率获得新能源汽车的入场券——新能源汽车车牌。2021 年 1 月，北京市新发布的年度指标配额共计 10 万个，其中新能源指标占比 60%；2020 年 4 月，财政部、工信部等部门联合发布了新能源汽车的补贴标准，将新能源汽车推广补贴的实施期限延长至 2022 年底；2020 年 6 月，国务院关于落实《政府工作报告》重点工作部门分工的意见正式发布，提出要加强新型基础设施建设，增加充电桩、换电站等设施，进一步助力推广新能源。

　　此外，国家对汽车厂商的要求也更为严格，同时不断出台新规保障新能源汽车厂商的权益。工信部、财政部等部门正式发布双积分政策，决定自 2021 年 1 月 1 日起施行，对汽车厂商销售的传统燃油车和新能源汽车采取积分制，这项要求使得厂商不得不大力推广新能源汽车并不断提升技术创新能力，增加自己的积分以满足国家要求。2021 年 4 月刚刚出台的《停车场（库）运营服务规范》（北京市市场监管局发布），拟于同年 7 月开始对占用电动汽车车位的燃油汽车，以及完成充电超过一个计时单位后仍留在原车位的电动汽车采用阶梯式价格标准进行收费，这项举措将推动资源的合理利用，进一步解决电动汽车"找桩难"的问题。

既然找充电桩不容易，为大力推动新能源汽车行业发展，**为什么不在最短时间内在城市内外大面积建设充电桩**？目前我国车桩比仅为 2.7∶1[一]，也就是说平均每 2.7 辆新能源汽车拥有一个充电桩。未来 5 年，新能源汽车销量年复合增长率将保持在 30% 以上[二]。这意味着，充电桩将面临巨大缺口，但发展充电桩同样具有不小的挑战。从产业链上游看，充电桩设备生产入行门槛低，竞争者众多，导致企业投标价格不断被压低，进一步蚕食了利润。企业需要不断提升生产技术和研发能力，降低成本，以提高自身竞争力。从产业链中游看，充电桩运营企业以收取电力差价、服务费为主要的盈利模式，常常面临资金投入量大、投资回报期长、充电桩利用率低的问题。从产业链下游看，下游平台企业通过向产业中上游收取服务费的方式盈利，但未来市场充满不确定性，下游企业需要提升数字化水平并完善服务模式来提升市场应变能力。总体而言，**充电桩未来的发展需要打通制造、运营、平台三个阶段，充分发挥资源系统效应，实现利润资源最大化**。

尽管我们对新能源汽车的发展走势十分看好，新能源汽车也将逐渐替代传统汽车占领市场，但还存在一个令消费者担忧的技术问题：**电池的能耗与安全性**。电池是新能源汽车的心脏，电池的容量和续航能力决定了新能源汽车的行驶里程。目前市面上的纯电动汽车在正常车况下可行驶 400～600 千米，但现实中大多车辆无法达到这样的行驶里程。例如在高速公路上或者面临极端天气时，电机需要获得更大的电流支持，也会消耗更高的功率和电量。因此，想要大力推动新能源汽车的全民普及，势必要寻求方式来攻克电池这一关。

比起续航能力，现阶段更严峻的问题是电池的安全性。自 2019 年初至 2020 年底，头部造车品牌事故中一半以上都与自燃有关。目前国

[一] 中国电动汽车充电基础设施促进联盟（EVCIPA）2021 年度会议。

[二] 工信部. 未来五年新能源新车销售总量年复合增长率保持 30% 以上 [EB/OL]. (2020-11-03)[2021-04-29].http://finance.sina.com.cn/china/gncj/2020-11-03/doc-iiznezxr9685370.shtml.

内外车企都成立了专门的电池研究部门，专攻电池续航短、充电慢、安全性差等痛点。一旦电池方面的问题得到攻克，我们也许就能够迎来新能源汽车销量击败传统燃油车的转折点。

2）智慧交通连接你我他

如果我们现在向北上广深等大城市的白领发放一份问卷，询问上班族在早晚高峰的出行方式，50%以上的参与者可能不会选择自驾或者出租车。这个结果的原因显而易见，以北京为例，从雍和宫到建国门桥这段不足五千米的路，在高峰时段开车的话可能需要花费近一个小时。如果使用打车软件在高峰时段叫车，在国贸、金融街、三里屯、中关村等热门地点，同时等位人数可达上百人。这不仅说明交通拥堵亟待缓解，也解释了为何路面交通的碳排放量居高不下，也表明目前市民选择路面交通出行的需求仍然高涨。虽然地铁和公交可以分流一部分人群，我们仍然需要采取一定措施来彻底缓解路面交通的压力，从而降低路面交通碳排放量。

鉴于大力发展智慧交通可以给我们带来更有效率的出行，减少路面拥堵，提高交通流运转效率，减少资源消耗，因此在交通行业全面脱碳与发展的道路上，智慧交通的发展是必不可少的一环，这需要致力于相关技术研究与场景切实落地。我国政府大力支持智慧交通的发展，在2020年，国家有关部门纷纷发布产业政策，支持车联网的协同发展。例如，工信部在2020年初发布的《工业和信息化部关于推动5G加快发展的通知》提出，将车联网纳入国家新型信息基础设施建设工程，建设国家级车联网先导区，丰富应用场景并探索完善商业模式。

《中华人民共和国国民经济和社会发展第十四个五年规划和2035年远景目标纲要》明确提出，要加快建设交通强国，并对交通运输提出了多项任务要求。这为我国交通运输的高质量发展指明了方向：提高运营管理的智慧化水平，构建数字出行网络，将先进的信息技术与交通运输有机融合，全方位赋能交通发展。**智慧交通建设的基础，就是道路层**

面的信号灯以及路面行驶的智能化。目前，北上广等地已经开始试点基于蜂窝网络的车用无线通信技术（cellular vehicle-to-everything，C-V2X）。C-V2X 技术主要分为三大类：车与车互联、车与基础设施互联以及车与行人互联，V2X 车联网通信通过路侧感知实现车—人—路—云间的信息交换和指令控制。运输实体，如车辆、沿路的基础设施以及行人都是信息的收集者和分享者，V2X 通过这些信息可以提供如碰撞报告或自动驾驶等更周到的智能服务。

随着政府加大对基础设施的投资和部署，目前我国城市道路与高速公路都已实现了视频检测雷达等设备的大范围覆盖。由于路侧感知系统的建立和完善是车—人—路—云技术环中不可或缺的一部分，因此路侧感知系统已成为很多传感器厂商新的战场。建立完善的路侧感知系统可以实时为驾驶员提供道路环境的信息并及时做出决策，同时也会通过信息网的互联互通为交通部门提供有效监测和预估，可以有效改善交通拥堵的状况。

C-V2X 可以运用在许多场景中，其中一部分已在我们日常交通场景中得到了展现。举例来说，C-V2X 可以应用在道路安全服务、自动停车系统以及紧急车辆让行等场景，在特殊环境下为驾驶员提供环境信息，通过数据库的连接建立情景感知，提高停车和驾驶的效率及安全性。未来，当无人驾驶技术在乘用车领域普及后，智慧交通将实现车—人—路—云的实时互联，高性能的车载系统将通过周密计算和数据共享为我们提供服务，将任何道路堵塞、事故发生的可能性都降到最低，在缓解路面压力的同时减少能耗。

智慧交通在 5G 商用推广后具备了更丰富的应用场景。5G 具有低延时、高可靠性的特点，能够稳定地为车联网提供支持。智能车联网的数据库的维护和扩大离不开云计算的支持。云计算具有存储能力强、安全可靠等优势，可以帮助处理车载和路侧感应端的交通数据信息，并将结果返还给车辆和交通部门，优化交通情况。目前国内各大互联网公司都在进行云计算平台的搭建，在 G 端（政府）的应用范围下同样也为 B 端（其他公司）提供高效便利的服务。

> ⊘ | 举例：目前各大互联网公司都在大力部署智慧交通。近期，某车企和全球领先的信息与通信技术公司联手打造全新的智能化无人驾驶技术，结合了通信技术公司在人工智能、5G、云计算、智能驾驶等领域的领先技术以及车企在电池、电机、电动汽车系统集成方面的核心技术开发而成。目前该技术在物流车上试点，接下来会在乘用车上进行应用。这标志着我国在无人驾驶与智慧驾驶方向的又一革新，未来路面行驶的大小车辆都将通过无人驾驶的行驶方式和智慧交通的联动实现交通行业的全面智能化以及零碳化。

> ⊘ | 举例：以宿迁市为例，为了解决城市缺少快速路的问题，宿迁市公安局与高校专家合作，积极运用城市交通大脑。宿迁市首先开展的行动是绿波通道。绿波通道是智能化交通管理的选项之一，是指在指定的交通线路上，规定好车速后，计算车辆通过的时间，并协调控制红绿灯的信号，使行驶在主干道的车辆可以尽量少遇红灯。宿迁市引用了大量数学算法，确定了业务模型以帮助实现精确的出行线路诱导。引入交通指挥大脑后，宿迁市一辆机动车晚高峰出行时间可减少 40%。

车联网通信智能服务在发挥自身强大的优势的同时，也面临着一些挑战。在网络覆盖场景中，V2X 可以高效地服务车主，但在无网络的环境下，例如一些偏僻的山区或是地下停车场，服务质量可能会不尽如人意。此外，V2X 的应用一般在高速移动的状态下使用，当场景与区域切换频繁时，车联网通信需要依托先进的信息科学技术才能够实现快速调整。此外，虽然 5G 比其他通信技术更适合车联网，但 5G 并不是为车联网而发明的，很多互联网所需的功能和特点 5G 未必可以实现。举例来说，车联网 80% 的功能用于行驶准备，而 5G 主要服务于公众通信，大多数时间处于非移动状态。技术与特定场景需求的差异将会为这些技术在实际运用时带来一定的挑战。

总体来说，智能交通产业前景可期，但考虑现阶段存在的问题与发展瓶颈时，一方面我们可以参考和借鉴发达国家的成功案例，吸取经验教训，另一方面要充分结合我国的交通行业特点以及基本国情，探索符合我国国情的智能交通发展方式。

3）共享出行解决"最后一公里"

路面交通的电气化、智能化、互联化将给人们的生活带来翻天覆地的变化。但是如果单纯依靠我们前文提到的汽车、公共交通的电气化以及充电桩等基础设施的改善，交通行业离实现完全脱碳还有一定距离。交通的"最后一公里"如何解决，取决于我们的观念及生活方式的转变。公共资源如何最大化利用？我们如何适应这股绿色出行的浪潮？这就需要我们找到新的出行模式。在信息时代，共享经济为我们提供了出口，在共享经济理念下，我们生活中的很多方面都可以通过共享实现资源最大化利用，共享出行就是一个很好的体现。

最为人们熟悉的共享出行模式是共享单车。在各大交通枢纽、天桥下面、地铁口可以看到共享单车被广泛使用，共享出行的意识不断深入人心。除了能够解决公共交通"最后一公里"问题的共享单车，现在市面上还有共享汽车。共享汽车在欧美国家非常普及，美国某著名分时租赁互联网汽车共享平台以共享为目的，将车辆大范围投放在居民区内，居民可以通过电话或者软件随时选择自己需要用车的时间，并在规定区域内归还。数据显示，2018 年美国共享汽车市场规模超过 100 亿美元，并逐年递增。全球范围内对拼车行业的投资热度不断升温，在高收入城市的消费者群体中，共乘现象也越来越普遍。共享出行是共享经济时代最普及且最具有发展潜力的市场。

在未来，无人驾驶将全面赋能打车服务，通过将共享出行技术平台与无人驾驶技术相结合，为乘客提供更加便捷安全的出行服务。2020年1月，我国某大型互联网公司率先在北京数个辖区建立自动驾驶出租车站点，乘客可以随时预约享受服务。无人驾驶能够有效降低事故次数，提高整体路面交通效率，减轻交通的压力。随着无人驾驶技术的不断进步以及安全性能的全面提升，未来几十年无人驾驶出租车可能会为愿意接受的乘客提供便捷的服务。

也许无人驾驶出租车对你来说已经不陌生，你有没有听说过无人驾驶飞行器？2017年，美国某打车应用公司提出将于2020年开始部署空中出租车，使"共享飞行器"早早被提上了日程。2020年初，该公司与某汽车公司共同开发空中共享出行服务，通过空中共享网络提供空域支持服务、地面交通连接服务和用户界面支持。该公司还宣布将于2023年提供商业化的空中飞行出租车服务。在未来，纯电动的空中交通工具可以全面缓解路面交通的压力，并为人们的出行提供全新的概念和方式。也许在未来50年，在成本可控和安全性的保证下，无人驾驶飞行器会成为解决我们交通"最后一公里"的首选。

共享出行在带给我们便利、降低出行成本的同时，更能够提高资源的利用率，帮助路面以及空中交通更有效率地为人们提供服务。对城市而言，整体的脱碳需要更加清洁的出行方式，倡导使用公共交通、步行等，推广共享出行理念与方式。对每个人而言，共享经济、低碳绿色已成为一种新时尚，我们应逐渐习惯并努力成为绿色出行的推动者。

4）航运与海运燃料替代

不同于路面交通具有明确可行的脱碳路径，航运和海运要想实现完全脱碳仍面临着诸多挑战。对航运来说，**短途航运可以通过电气化实现脱碳，但长距离航运的脱碳则必须依靠新的零碳燃料开发**。目前来看，虽然氢能、生物质燃料以及液态氨可以为长途运输提供所需的燃料，但是这些能源尚不具备商用的经济性，成本居高不下导致长途海运、航运脱碳进程缓慢。

对于短途运输来说，虽然理论上电池可以给飞机提供燃料，但目前电池的技术发展仍有欠缺，其密度和安全性都需要寻求技术上的进一步突破以支持远距离航行。未来电池与氢能将成为支持短途航、海运的主要能源。氢燃料具备零排放、续航里程长等优点，可以为飞机、货船等提供能量。然而在短期来看，氢能成本过高，基础设施还不完善，仍需要技术和基建的建设来应用于交通行业。与地面交通中我们提到的电动汽车面临的挑战类似，电池与氢能的实际应用需要有安全、高密度和超强续航的电池加以支持，在这之前我们很难完全依赖电池来进行航、海运。这两种运输方式对安全性的要求更为严格，而厂商也需要更周密的试运行和调试过程来不断汲取经验。

在长距离的航、海运方面，航运将主要依赖于可持续航空燃油，其中主要发挥作用的是生物质燃油。对海运而言，最优能源是氨燃料。氨气是清洁能源的一种，在燃烧时不会排放二氧化碳，可以稳定供应能量，运输便利。但氨燃料面临的挑战与氢燃料电池相似，在成本降低、清洁制备等条件达标前很难进行商用。

总而言之，对航运和海运来说，目前没有兼具性能和成本竞争力的彻底脱碳方案。但是在发展日新月异的当今社会，现在看起来无完美解决方案的设施和工艺，可能只需要几年，就可以实现技术的突破和清洁能源的高度商用化。到那时，这些重难点行业的脱碳难题将迎刃而解。

建筑行业脱碳

无论是在家里还是办公室，我们总是需要一个栖身之所，享用采暖、纳凉、照明等更加舒适的环境条件。据联合国测算，到 2050 年，全球人口有望达近 100 亿，要想容纳这些人口，现有建筑存量将翻倍。面对如此大规模的建筑需求，以及城市化进程的不断加快，建筑行业的能耗将会进一步增加。因此在我国朝着"30·60"目标迈进的过程中，建筑行业的碳减排至关重要。

（1）建筑行业现状与未来展望

1）建筑行业的"碳"在哪里

随着全球城市化进程加速，建筑面积随即迅猛增长，大规模建造建筑以及大量生产建筑材料必然导致巨大的能源消耗。根据发达国家的经验，随着城市化发展加剧，建筑业将超越工业、交通等其他行业，最终居于社会能源消耗的首位。我国的建筑行业能源需求主要驱动因素包括城市化进程的加快和建筑舒适度需求的增加。2016 年，我国城市化率已基本赶上了欧洲发达国家，2017 年达到 58%，并有望于 2050 年提高至 75%。从目前的发展速度来看，城市化率达到 70% 的目标很有可能在 2030 年之前实现，2050 年完成城市化进程的可能性非常大。因此城市化进程加速将对建筑行业脱碳产生较大压力。

建筑行业的碳排放量一般通过建筑行业各环节的能源消耗乘以碳排放因子进行测算，其中碳排放因子相对恒定，也就是说，能源消耗得越多，碳排放量越高。各环节碳排放情况如图 3-13 所示，主要包括建筑材料生产与运输、建筑施工以及建筑运行三个阶段，即整个建筑过程的生命周期。

① 建筑材料生产与运输

建筑材料的种类众多，大致涉及 2000 多种产品，其中很多都需要经过煅烧、熔融、焙烧等程序加工处理且消耗大量能源，例如混凝土、玻璃、隔热墙体材料。制造混凝土的核心原材料之一便是水泥。水泥是建筑建造过程中一种关键的黏合剂，必须在极高的温度下才可以形成，而且制作过程中会通过化学反应生成二氧化碳，也是工业行业碳排放大户。水泥行业现状及碳排放的详细情况已于上文"能源需求侧"的"工业行业脱碳"部分进行详细说明，此处不再赘述。

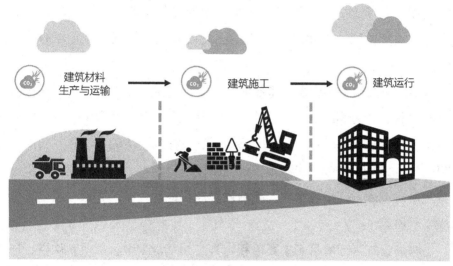

图 3-13　建筑行业碳排放

资料来源：安永研究。

②建筑施工

建筑施工活动包括新建筑建造、老旧建筑维护改良以及建筑物拆除，这三部分活动都会计入建筑业能耗，所产生的二氧化碳属于建筑施工阶段碳排放的直接来源。此外，与建筑施工活动相关的材料、废料运输的能源消耗也被计入建筑施工能耗之中，所产生的二氧化碳属于建筑施工阶段碳排放的间接来源。近几年，虽然我国建筑施工能耗总体呈现不断上升的趋势，但是单位建造面积碳排放量则表现出逐年下降的特征，这是由于我国不断优化改善建筑施工流程，更新升级技术设备，从而在一定程度上减少了建筑施工环节碳排放。

③建筑运行

建筑运行能耗是指建筑在使用过程中所消耗的能源。建筑运行是建筑业能源消耗的主要环节，其产生的碳排放量占整个建筑业的60%。我们在建筑内部使用供热制冷设备、通风系统、空调、热水供应系统、照明设备、炊事设施、家用电器、办公设备等机电设备，它们在运行过程中都会产生大量的碳排放。由于建筑运行所依赖的能源主要是煤炭和传统电力，燃烧煤炭会产生大量的二氧化碳，而以火电为主的电力在生产阶段中产生的二氧化碳也间接增加了建筑运行阶段的碳排放量。

燃煤能耗的主要代表是供热体系。目前我国北方地区城镇和农村供热面积分别约为147亿平方米和70亿平方米，由燃煤产生的供热能耗占比长期超过70%，由此导致大量二氧化碳排放。2018年北方城镇供暖能耗为2.12亿吨标准煤，碳排放量约为5.5亿吨。⊖ 而且我国每年仍有大量建筑竣工并投入运营，新增供暖面积也随之持续增长，碳排放量逐年增加。

电是建筑运行的另一主要能耗，其支撑空调采暖、照明、炊事、家用电器、办公设备等多种电子系统、设备运行。建筑运行阶段所消耗的电力已经超过全国总发电量的20%，其对应的二氧化碳排放量几年前就已达到全国建筑运行阶段碳排放总量的1/2。

据我国建筑节能协会建筑能耗统计专业委员会发布的《中国建筑能耗研究报告（2020）》，2018年建筑业全过程（含建材、施工、运行）能耗总量为21.47亿吨标准煤，占全国能源消耗总量的46.5%。全国建筑全过程碳排放总量为49.3亿吨，占全国碳排放的比重为51.3%。IEA称，如果计算消耗的能源以及建造过程，各类建筑贡献的碳排放占到了全球总量的40%。因此加速实现建筑行业碳中和势在必行。

2）2060年，建筑行业的"零碳"未来

各行各业都在勾勒"脱碳"的路线图，期待在2060年之前实现二氧化碳零排放。到2060年在强有力的政策推动和技术支持下，建筑行业预计基本实现碳中和目标。

⊖ 人民日报中央厨房.一年排放二氧化碳10亿吨，供暖改造刻不容缓 [EB/OL].(2021-02-07) [2021-04-29]. http://finance.people.com.cn/n1/2021/0207/c1004-32024774.html.

　　在建筑运行环节，我国南北地区将分别采用不同的新型供热结构达到零碳排放。南方长江中下游地区的非集中城镇居民将实现建筑电气化，普遍采用电动热泵来满足供暖需求。北方则通过改变热源结构、优化供热方式，利用传统成熟热网集中供暖，结合农村以生物资源替代燃煤热源、城镇以工业电厂排放的大量余热电热作为替代燃煤的新型热源结构，成功打造我国新型低碳节能供热体系。

　　在政府宣传推动下，**电气化改革也将影响传统炊事技术和系统**。举例来说，"明火厨灶"将被多功能变频电器灶替代，城镇生活热水系统经新技术改造，将由化石燃烧供热系统转变为工业余热供热系统和家庭式电热水器。

　　在建筑施工建设环节，在未来，绿色建筑、绿色建材和节能电器三驾马车将共同助力碳中和目标实现。建筑设计师、工程师将会在充分了解各地气候条件和建筑外部环境后，因地制宜地从室外绿化、透水地面、水源热泵、外遮阳、自然采光、绿色照明、智能物业管理等方面系统地运用先进的绿色生态技术，将绿色能源系统与生态技术融入建筑方案设计中。在提高舒适度，营造健康、安全、便利的环境空间的同时，改造翻新老旧高能耗建筑、设计建造出多样化的绿色建筑。城市大部分公共或商用建筑都会变成现代绿色智能建筑，顶层绿茵如盖，环面墙体采用有良好隔热性能的外立面，内层使用连接热水系统的太阳能板、智能温控的内部循环系统和各种节能电气设备。

　　（2）建筑行业"脱碳"行动指南：如何把握机遇，赢在未来

　　通过分析建筑整个生命周期的能源消耗水平，针对建筑行业碳排放量的分布情况，结合传统、新型节能建筑的应用，按照建筑各阶段脱碳贡献程度，可以发现以下几种行动途径将有力推动建筑行业低碳变革。

　　1）建筑用能电气化改造

　　建筑行业全面电气化可大幅降低直接碳排放，主要包括实现非集中

供暖地区的建筑采暖、炊事、生活热水等方面的全面电气化。首先，采用分散的电动热泵可以很好地满足长江中下游地区民居建筑的空调采暖需求，加强这方面的技术研发及推广可以推动直接碳排放量逐年下降。其次，炊事方面推进全电气化炉灶技术创新，例如智能变频电气灶。最后，在城镇生活热水供应方面，可以推动电动热泵热水器的使用，热泵热水器具有高效节能的特点，是替代目前多数家庭使用的燃气热水器和电热水器的良好选择。

目前来看，建筑行业实现电气化面临的最大困难之一是技术革新。非集中采暖地区建筑供暖虽然已经有较为成熟的空调产品，但为满足公共建筑的供暖，如住宅和小型办公室、学校建筑的供暖需求，未来还需继续在这方面进行技术创新和推广。炊事方面主要的瓶颈在于如何引导改变居民长期以来的明火烹饪习惯，推进全电气化炉灶技术创新取代传统炉灶去满足人们对食物烹饪的要求，从而实现零碳排放。

2）寻找采暖新方式

采用**集中供暖方式**可以提高供暖能效，实现节能减排。以东京晴空塔建筑群为例，它包含了商业设施、高层住宅楼和办公楼，在暖通系统中组合使用热泵和水塔。与单独使用相比，这种"社区系统"的组合方式将采暖能耗降低了44%，同时减少了50%的二氧化碳排放量。[⊖]

另一种低碳供暖方式则是在所用**能源和材料**上做文章，可以采用电热扇、发热电缆、电热地膜等不产生污染或废弃物排放的绿色环保采暖方式。以电热地膜为代表的智能供暖系统还能合理安排房间在各个时段的供暖温度，可以避免无用供暖，节约开支。同时，由于电热地膜是低温辐射方式的采暖，给使用者的感受就像在阳光下一样温暖舒适，不会有传统系统所产生的干燥和闷热的感觉。

3）因地制宜降低建筑能源内耗

因地制宜在建筑行业的实现关键是尽可能使用简单的技术来降低建

⊖   麦肯锡发布的《2060碳中和：中国如何发挥城市的作用实现这一目标》。

筑能源消耗，通过利用当地的自然资源、当地的传统知识和材料、建筑自身特点和当地的气候条件实现节能目的。我国古代的建筑都能够以此来适应当地的气候，例如徽派建筑以及岭南建筑，建筑的天井设计得很小，四周又有阁楼围合，能够形成自然的通风廊道，让酷暑的日子不再闷热。

近些年的建筑实践中也出现过一些错误，走过一些弯路。国内许多建筑逐渐倾向于邀请国外建筑师到我国来参与或主导建筑设计。由于一些建筑师沿用他们自己国家适用的方法和风格，忽略了我国当地的气候和自然条件，就造成了能源高耗低用，设计出的建筑"中看不中用"，违背了因地制宜、绿色环保的初衷。

4）全面使用节能电器和环保建筑材料

节约用电对于减少建筑耗能来说非常重要，通过**使用节能电器**可以达到这一目的。节能电器虽然价格略有上升，但是可以大幅度减少建筑内部用电量。以照明设备为例，建筑内部使用的照明能耗约占整个建筑用电能耗的 30%，采用 LED 灯代替白炽灯可以达到节能效果。此外，建筑物也可以**采用能够被控制的照明设备**。照明的浪费会使得能源消耗非常高，比如我们常常会发现办公室里没有人，但是灯却是开着的，这样会造成电能的极大浪费，如果采用照明控制，利用光照传感器对光源进行自动调节，可以达到非常好的节能效果。

建筑建造的过程中也可以**使用节能环保的建筑材料**。随着我国工业科技水平的提高，节能产业的发展，节能新材料孕育而生。节能新材料包括新型墙体材料、保温隔热材料、防水密封材料、节能门窗和节能玻璃。在使用建筑材料时，选择这些新型保温和防水材料可以达到保温和防潮的效果。例如使用铝材，可以达到遮挡阳光并减少光热的目的。

5）发展绿色节能建筑

建筑的立体绿化是一个高效、低廉且一举多得的节能方式。在商用、公用建筑屋顶、立面进行绿化，夏天就可节约30%的空调能耗，能够显著减少城市的热岛效应。同时，绿化面积的增加也加速了对空气中二氧化碳的吸收。以国内最常见的佛甲草植被屋顶为例，如果仅考虑单个植物体的生命周期，屋顶绿化对空气中的二氧化碳含量几乎没有影响，若增加植被面积，保持屋顶大规模的植物量，就可以通过植物本身来有效吸收城市碳排放。

低能耗建筑的科学规划与缜密设计也是绿色建筑发展的一大重点。遵循本地气候特点开展建筑设计，合理规划建筑的分区、群体或单体、建筑的朝向和间距，并考虑太阳辐射、风向等外部空间环境的影响，是低能耗建筑设计的关键要素。被誉为"世界最节能环保的摩天大厦"的广州珠江城大厦可以说是节能建筑的杰出代表了。它最具节能效应的就是空调系统、冷辐射天花板、安装了光伏发电设备的玻璃幕墙和能"烧水"的大量太阳能板。据统计，这座大厦每年至少可减少3000~5000吨的二氧化碳排放量。

建筑行业的节能脱碳不能仅着眼于单独建筑的改造，而是要提升到更高的层次，**将一个社区或城市的建筑群看作一个整体，组建一个完整的节能系统**。通过系统联动组合光伏发电、太阳能光照聚热、沼气发电、风力发电、电梯下降能，每一个建筑都可以就近使用系统中的组合能源，同时也降低了能源传输中的能耗。

> ⚡ | 举例：目前，欧盟委员会公布了高能耗建筑翻新计划。未来10年，欧盟将资助改造3500万栋建筑。改造成功的实例就有比利时布鲁塞尔自由大学的游泳馆。这座游泳馆建成已有近30年，老馆机电设备老化，外墙和屋顶不再符合现代节能标准。进行改造时，在原有墙体的基础上加盖了有助于隔热和排水的屋顶，重建了有良好隔热性能的外立面，采用了耐高温的陶瓷涂层和隔热玻璃作为外墙材料。为了解决内部耗能巨大

的问题，尤其是泳池恒温系统，馆内配置了智能控温系统和热回收系统。此外，场馆还采用了热电联产系统，游泳馆的余电还可以用在校园其他场所。翻新后的新型泳池每年可减少500吨碳排放，每年减少60%的能源消耗。

建筑行业脱碳之路也面临着不小的挑战。一方面规模庞大的存量建筑低碳改造难度较大，在城镇建筑节能领域，我国城市绝大多数建筑其实都不属于节能型建筑，接下来需要耗费很多成本按照碳中和、低碳节能的理念来设计和建设，实施节能改造。

另一方面，人们消费观念的改变也会增加能源消耗。20世纪90年代以来，随着人们对建筑的需求不断增长，商用建筑面积急剧增加，包括办公室、购物中心、酒店、学校、医院、博物馆、图书馆、体育场、机场、火车站等建筑。同时基于对美好生活的不断追求，国人代代相传的勤俭节约的生活方式逐步改变为倾向于享受型的生活方式，需要更舒适、更健康、更安全的建筑环境，例如21世纪以来20年间空调的全年使用时间不断延长。因此建筑面积的增加和生活方式的改变带来建筑能耗及其碳排放的增加，这将对建筑行业实现碳中和带来新挑战。

服务行业脱碳

服务行业与我们的日常息息相关，影响生活的方方面面。作为一个细致又庞杂的行业，服务业的碳排放是细微又处处可见的。超市采买、外出聚餐、收发快递……伴随着我们一系列稀松平常的活动，碳排放就已悄然发生。

（1）服务行业现状与未来展望

现代服务业一般包括生产性服务业、消费性服务业、公共性服务业和基础性服务业四大类。具体包括快递物流业、居民服务业、零售业、信息通信技术业和其他服务业（见图3-14）。发达国家的经验表明，随着经济的发展和产业结构的升级，服务业占国民经济的比重不断上升成为普遍规律。近年来，我国以能源消耗年均增长率较高的代价换取了服务业的快速发展，逐渐向服务行业倾斜的产业结构也使得节能减排的重心随之转移。

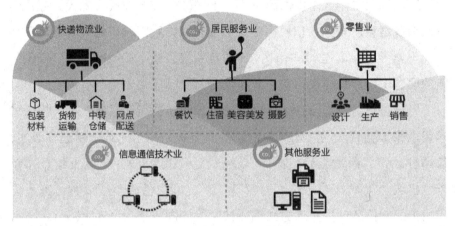

图3-14　服务行业碳排放

资料来源：安永研究。

随着第一、二产业节能减排潜力的快速释放，其节能减排成果的边际递减效应也不断凸显，而我国服务业的节能减排工作尚处于起步阶段，存在巨大潜力和空间，成为我国减少能源消耗和二氧化碳排放亟须开拓的新领域。

（2）服务行业"脱碳"行动指南：如何把握机遇，赢在未来

产业规模的不断扩大是我国服务业能源消费、二氧化碳排放量增加的主要原因。从服务业产业规模效应的角度看，快递物流业及信息通信技术业（information and communications technology，ICT）的产业规模效应最大，零售业的产业规模效应次之，居民服务业及其他服务业最小。产业规模效应作为一个重要的指向标，引导着我国服务业碳排放的调控重点和方向，按照各类产业规模效应的大小，可以发展以下几种

减排途径。

1）发展绿色低碳快递运输

随着我国快递物流业持续高速发展，对包装材料、运输渠道和仓储设施的需求大幅增加，由于受到能耗水平和二氧化碳排放的双重制约，传统的快递物流行业的发展模式面临严峻的挑战。《快递业发展"十三五"规划》提出，通过减少对传统能源的依赖，优化要素投入结构，加快实现快递业"低污染、低消耗、低排放，高效能、高效率、高效益"的绿色低碳发展。因此，明确快递业的碳排放构成并有效降低其碳排放成为行业高速发展中亟须解决的重要现实问题。

提到快递，你可能首先想到的就是大量纸盒、包装袋、防震泡沫等快递包装材料，这些使用过的废弃物为固废处理带来了相当大的压力。**在节能包装材料产品的研发和推广方面**，可循环的快递中转袋、环保牛油纸袋等成为业界新宠。例如，国家邮政局搭建业内绿色供需交流平台，指导顺丰、中国邮政、京东等 4 家品牌快递物流企业开展"绿色采购试点"，申通等 6 家品牌快递物流企业完成"可循环中转袋的应用试点"。在各试点的使用推广下，可循环中转袋的使用率达到 98% 以上，大量替代了一次性塑料编织袋。

在中转站和仓储节能降耗方面，国家邮政局组织北京等 10 个省（市）开展邮政业绿色网点和绿色分布中心建设试点。引导企业利用生产场地发展光伏发电，大幅减少碳排放。指导企业开展"绿色办公"升级，引导企业进行营业网点和分拣场地节能改造，主要分拨中心基本实现自动化分拣，并推广人工智能、北斗导航系统等技术的运用。企业绿色办公、节能减排水平获得显著提升。

在绿色运输方面，国家邮政局推进调整快递物流行业运能结构，鼓励物流运输企业加快推广甩挂运输和多式联运等运输模式，不断提升运输效率，持续推进邮件快件上机上车工程，提升甩挂、高铁等运输方式在行业运输中的比例，减少此环节的能源消耗和二氧化碳排放。同时通过各地邮政管理部门积极协调地方交通、公安等部门出台相关政策，支持寄递企业购置新能源车辆，保障行业新能源车通行和停靠权利，促进行业绿色通行。

> ⬭｜举例：我国某大型电商的物流公司提出未来10年将做到碳排放总量减少50%。2017年该公司联合品牌商共同发起"青流计划"，致力于在包装、仓储、运输等多个供应链环节实现绿色环保的目标。该公司投入超过8000余辆新能源车，已有超20万商家参与了绿色包装，循环包装使用次数超1.6亿次。该公司还制定了行业首个电商包装标准，发起绿色包装联盟，从而推动物流行业的绿色可持续发展。

2）推动信息通信行业低碳化

我国ICT行业的能源消耗量与二氧化碳排放量呈现逐年增长的趋势，这与我国电信行业发展息息相关。根据国际电信联盟（International Telecommunication Union，ITU）统计，信息通信技术有助于减少15%～40%的二氧化碳排放量。我国虽然已建立数据处理中心来链接分散的计算机，实现信息高效传递和共享，但旧设备功率消耗大，温度和湿度的控制等问题十分明显。

2019年国家出台的《关于加强绿色数据中心建设的指导意见》明确提出，2022年新建大型、超大型数据中心的电能使用效率值要降至1.4以下。前不久，工业和信息化部公布了拟入选年度国家绿色数据中心名单。这再次表明我国政府积极推动绿色数据中心创建运维，保障资源环境可持续发展的坚定决心。

在基站设立方面，相较于传统的信息通信网络结构，采用分布式优化组合设计方法可以有效降低基站电力消耗，提高系统资源及基站地理空间的利用率，并且能够保证设备的稳定、高效运作。

在数据处理设备方面，按照城市生活习惯进行设备优化，可达到节能减排的效果。设备供应商加入新功能芯片，优化基站内的设备布局，调整器件密度，减少设备体积浪费，实现资源再利用；或者通过使用高级电子元器件，保证设备在高温环境下的正常运行，将能源消耗降至最低。

在机房降温调湿方面，根据不同环境对温、湿系统进行调节和控制，从而达到减少二氧化碳排放的目的。新风节能系统以热学原理结合温度、湿度传感进行智能控制。通过了解机房内外的温差，通过风道将机房内热量传至外部，降低机房内温度。热交换系统也可以达到相同的效果，并且与新风系统相比较，可以有效避免冷热空气混合流失，但此系统需要在隔离空气的环境下工作，通过外部冷源降低机房内部温度，以减少空调的使用。

在设备能耗控制方面，一方面通过优化电源结构，将电源切换过程中的能耗控制在节能控制范围内；另一方面可利用网络中的休眠节能技术，结合信息通信网络设备设计，满足不同时段流量控制的实际要求。

在电力能耗方面，数据中心可签订"绿电"合同，提高可再生能源比例。在大数据、云计算、物联网时代，数据中心对电力的需求增长迅猛，但数据中心使用绿色电力的比例非常低。2018 年，我国数据中心总用电量占我国全社会用电量的 2.35%，可再生能源电力在我国数据中心行业用电中占比仅为 23%。[○] 因此，提升数据中心可再生能源的使用占比迫在眉睫。

3）发展低碳零售模式

随着节能环保意识深入人心，我国零售业也掀起了"低碳"风潮。无论是有着雄厚资金实力的跨国零售巨头，还是节能意识日益增强的本土零售企业，都积极加入到低碳阵营中。商务部于 2011 年 6 月在零售

○　国际环保组织绿色和平与华北电力大学联合发布的《点亮绿色云端：中国数据中心能耗与可再生能源使用潜力研究》报告。

行业启动了零售业节能行动，侧重于抑制商品过度包装、塑料袋有偿使用方面的标准规范和政策措施。"限塑令"在我国各大零售商店推出后，一度起到非常大的作用。但是随着时间的推移，效果变得越来越不明显。而商品过度包装问题目前依然存在。面对这样的现状，如何才能促进我国零售业低碳化健康有序地发展呢？

学习成熟的低碳零售模式。搭建企业间的交流平台，组织成员企业集体参观访问、了解并学习已成功实现低碳的跨国零售公司的经验，建立适合国内行业的低碳零售模式。例如某全球零售企业通过采用智能能源管理系统，实现空调通风系统、照明系统以及食品冷冻冷藏系统的安全运行和能耗降低。预计每年能节能25%，每年减少电力能耗预计为82万千瓦时，减少碳排放量821.6吨。

建立低碳发展基金为零售企业提供资金支持。更新经营设施、优化运营流程、督促供应商实施低碳策略，甚至是选择新的供应商，对企业而言都意味着额外的成本支出。政府可以通过提供专项资金给予支持，引导和鼓励更多的零售企业进行节能减排活动，应用环保节能技术。还可以通过试征碳税，给市场主体明确的价格信号，同时也可以为政府支持节能财政投入提供专项资金来源。

建立权威性的低碳零售行业标准。2021年3月10日，建议立法解决商品过度包装的话题登上热搜榜。全国政协委员吴培冠呼吁："近年来电商物流迅猛发展，使商品包装过度问题更显突出。应抓紧推动完善国家层面的包装立法，建立有关包装的法律体系。"⊖我国政府部门应通过立法或制定相关政策规章的方式为零售企业提供引导和规范。

4）倡导低碳办公

对于大部分脑力劳动密集型服务业来说，日常办公环境也可以成为绿色减排的"主战场"。低碳办公指我们在工作活动中尽量做到低

⊖ 吴培冠委员：立法解决过度包装问题 [N].人民日报，2021-03-10.

碳，减少纸张、空调、电力的使用，降低出差频率，节约资源。低碳办公是节能减排的重要组成部分，然而真正实施起来却有一定的难度。

日常工作期间如何正确减少碳排放呢？减少文件复印打印，在处理公文时以收发电子邮件为主，通过网络联系实现办公无纸化，可减少打印复印产生的碳排放，也能提高办公效率。减少商务旅行，通过远程视频软件进行线上会议，减少因公出差需要搭乘飞机、火车或渡轮所排放的二氧化碳，同时也能节省商旅产生的时间与费用。分类处理办公室垃圾，为回收利用可再生资源创造条件。这些看似简单的行动，在大家的共同努力下，都可以为实现碳中和目标贡献不小力量。

⎘｜案例：安永负碳排放路径

作为全球领先的专业服务机构之一，长期以来，安永一直致力于构建绿色可持续发展的商业世界，成为可持续发展领域的推动者。2020 年 12 月，安永已在全球范围实现了碳中和，并承诺于 2021 年实现负碳排放，致力于 2025 年实现"净零"排放，计划把绝对碳排放量减少 40%，并将推出全新的可持续发展解决方案，为安永客户创建持续发展的价值。安永在可持续发展和环境保护领域中取得的成就充分地反映了安永对于"建立一个更好的工作世界"的愿景以及不断创造长期价值的期望。安永列出了实现碳中和目标的七项要素，并承诺到 2025 年碳排放总量减少 40%，实现净零。

- 以 2019 财年为基准，到 2025 财年把商务出行所产生的碳排放量减少 35%。
- 减少办公室整体电力使用，采购 100% 可再生能源应对剩余需求，争取到 2025 财年成为"RE100"（全球再生能源倡议组织）会员。

- 通过虚拟"再生能源购电协议"（PPA）制定电力供应合同，向国家电网引入比自身所消耗的更多的电力。
- 为安永团队提供工具，以计算并减少在服务客户时所产生的碳排放量。
- 使用自然为本的解决方案和脱碳技术，消除或抵消比自身每年在大气层中所产生的更多的碳排放。
- 投资于提升服务和解决方案，帮助安永客户实现业务脱碳盈利。
- 要求75%的安永供应商于2025财年之前，以开支计算，制定科学减排目标。

在实现自身节能减排的同时，安永积极协助企业重视气候变化影响。早在20世纪80年代，安永就在全球范围内设立了气候变化与可持续发展服务（Climate Change and Sustainability Service，CCaSS）团队。其中，安永大中华区的CCaSS团队已在绿色金融与ESG领域深耕多年，先后在多个可持续发展领域获得重要奖项，为中国的绿色金融发展提供了坚实的支持。未来，安永将在可持续发展的道路上，继续与政府、金融机构及各行各业围绕绿色金融、碳交易等倡议的相关政策展开合作，积极协助政府实现碳中和的目标，为可持续发展事业做出贡献。

5）居民服务业推广低碳生活理念

居民服务业也是服务业的重要组成部分，它体现在我们日常生活衣食住行的方方面面。点外卖、住酒店、美容美发、送小朋友去托儿所、社区团购、结婚摄影，都属于居民生活服务的范畴。向消费者和各企业推广低碳生活理念、鼓励带动其参与脱碳化，有助于从服务终端去实现碳排放目标。

　　让"低碳"理念深入民心继而倡导低碳生活是消费者拥抱绿色转型的第一步。低碳生活方式不一定要求消费降低，而是指一种能够保护环境、提升生活品质的绿色生活。例如近几年逐渐风靡的素食文化，即增加植物性膳食比重，由谷类豆类植物替代一些肉食，这既有利于健康，也减少了农业碳排放。又比如在我国发展日趋成熟的共享经济，对共享单车、共享汽车或其他共享业务的推广和使用，减少了人们在出行方式上的碳排放。而一些成熟的公益性金融产品也在加强使用者对环保减排的重视，例如蚂蚁集团在支付宝公益板块推出"蚂蚁森林"，用户通过步行替代开车、在线缴纳水电费、网络购票等行为节省的碳排放量，将被计算为虚拟的"绿色能量"，可在手机中养大虚拟树。虚拟树长成后，支付宝蚂蚁森林和公益合作伙伴就会在国内选择一些沙化严重地区种植真树，或守护相应面积的保护地，通过命名树苗的方式培养和激励产品使用者的低碳环保行为。目前蚂蚁森林用户超过 5 亿人，这一公益产品既有利于改变用户购买行为习惯，也加速了碳中和的步伐。

研究碳的"负排放"技术

　　我们在前文已经提到，想要达到碳中和，一方面要通过各种手段降低碳排放，另一方面就要想方设法把排出的碳"消灭"掉。我们已经重点介绍了各行业如何着手减排行动，但是单独依靠降低碳排放的方式很难实现如此庞大的碳消除量，也不可能将排放量降为"0"，因此需要采用一系列的人为技术增加碳的消灭吸收，即增加碳的"负排放"。本节将围绕当前主要的三项"负排放"技术——碳汇、CCUS、直接空气碳捕集进行介绍。

碳汇

　　碳汇，是利用生态系统实现"负排放"的一种方式。生态系统中的植被、土壤和微生物等利用自身的碳循环，可以将二氧化碳固定起来，对平衡大气中的二氧化碳浓度起着关键作用。当生态系统固定的碳量大于其向大气中排放的碳量时，该系统就成了大气二氧化碳的汇，简称碳汇。[⊖]这个词听上去既专业又陌生，但它其实就在我们的身边。我们每天见到的绿树、青草、灌木都是碳汇的一个小小的单元。

1. 国际认证的"绿色黄金"：林业碳汇

像银行储存现金一样，森林可以通过其自身的光合作用，将大气中的二氧化碳储存起来。吸收进来的二氧化碳一部分随着植物和土壤的呼吸、植被的死亡、人工的砍伐等释放出去，剩余的部分可以被固定在植被和土壤中，形成碳汇。**利用森林的自然过程降低大气中二氧化碳的浓度，其成本相对较低，这是国际社会公认的用于缓解全球气候变化的重要措施。**

林业碳汇是指利用森林的储碳功能，通过造林、再造林和森林管理，减少毁林等活动，吸收和固定大气中的二氧化碳，并按照相关规则与碳汇交易相结合的过程、活动机制。1997年通过的《京都议定书》（Kyoto Protocol）认证了林业对于减缓全球气候变化做出的贡献，并确立了清洁发展机制（clean develop mechanism），允许发达国家通过向发展中国家投入资金和技术支持、开展碳汇项目合作等帮助其实现可持续发展，同时向发展中国家购买"可核证的排放削减量"以履行碳减排的指标义务，使森林的固碳能力可以像普通商品一样交易。该机制的建立不仅加强了世界各国对于林木保护、植树造林的重视，也推动了森林生态功能的市场化和价值化，促进了林业经济效益的发展。

林业碳汇为我国林业的发展引入了全新的融资渠道，给碳汇企业带

⊖　方精云. 中国及全球碳排放：兼论碳排放与社会发展的关系 [M]. 北京：科学出版社，2018.

来了广阔的市场前景，由此可以改善森林经营周期长、短期不产生经济效益等问题。我国从 2004 年起逐步开展林业碳汇试点项目，2010 年成立首家以增汇减排、应对气候变化为目的的全国性公募基金会——中国绿色碳汇基金会，标志着我国林业碳汇发展迈出了关键的一步，截至 2019 年底，先后在全国 20 余省（市、区）实施的碳汇造林项目达 8 万多公顷。截至 2020 年 5 月，我国面积最大的国有林区——内蒙古大兴安岭重点国有林区已完成 5 笔林业碳汇交易，共计 191 万元。[⊖]

据中国科学院大气物理研究所在期刊《自然》发表的最新研究成果，我国陆地生态系统具有被严重低估的固碳能力。2010～2016 年，我国陆地生态系统年均固碳约 11.1 亿吨，森林是其中主要的固碳主体，贡献的固碳量占到陆地生态系统的 80%，由此证明我国近年来在恢复森林植被、加强人工林培育方面取得巨大成果，也首次在国家尺度上证明，人为积极干预可以有效提升陆地生态系统的固碳能力。我国的森林面积年均新增量连续十年全球第一，远超其他国家；同时整体森林主要以幼龄林和中龄林为主，确保了林业碳汇质量的不断提升。未来，发展林业碳汇将成为我国"绿水青山"变成"金山银山"的重要一环，也将在 2060 年前实现碳中和目标中扮演愈发重要的角色。

2. 被忽视的"蓝色宝藏"：海洋碳汇

虽然林业碳汇被公认为是生态系统中重要的碳汇举措，但其实，地球上最大的活跃碳库是海洋。海洋面积占地球表面积的 71%，储存着地球上约 93% 的二氧化碳，自地球出现生命以来就在碳循环中发挥着重要的作用，储碳周期可达数千年。海洋碳汇（蓝碳）的概念，是相对于陆地生态系统中被植被和土壤固定的"绿碳"所提出的，是指利用海洋活动及海洋生物吸收和存储大气中二氧化碳的过程、活动和机制。其

⊖　中华人民共和国中央人民政府.我国最大国有林区已实现林业碳汇交易 5 笔共 191 万元 [EB/OL]．（2020-05-25）[2021-06-10]. http://www.gov.cn/xinwen/2020-05/25/content_5514824.htm.

中，红树林、海草床、盐沼三大蓝碳生态系统的覆盖面积相较海床整体面积虽微乎其微，但其能捕获和存储大量的碳，并将这些碳长期埋藏在海洋的沉积物中，具有巨大的固碳潜力。

我国是世界上为数不多的同时拥有红树林、海草床和盐沼三大蓝碳生态系统的国家之一，海域面积广阔，**得天独厚的自然条件赋予了我国海洋碳汇巨大的潜力和实施空间**。目前，虽然我国对于海洋碳汇的研究仍处在起步阶段，但已经催生了一批水平较高的科研成果。特别是由我国科学家提出的"微型生物碳泵"理论框架，解释了海洋巨大溶解有机碳库的来源，获得了国际上广泛关注和认同。2017年我国发布了《"一带一路"建设海上合作设想》，提出由中国发起的"21世纪海上丝绸之路蓝碳计划"，在全球海洋治理和国际交流中起到了引领带动的作用。然而，目前海洋碳汇在国内和国际上均尚未建立起系统的核算标准和补偿政策，对于蓝碳负排放技术的开发和研究能力都有待提升。

不论是林业碳汇还是海洋碳汇，大力发展碳汇技术和实现经济效益的最终目的都是减缓气候变化，构建人类更美好的生存家园。与增加人工林面积、修复海洋红树林同等重要的，是不再进行不可持续的采伐焚烧，减少海水养殖污染等。除提升积累碳汇外，我们同样应该加强保护现有碳库资源与生物的多样性，提高整体生态系统的稳定和服务功能，从而避免生态系统碳汇能力的下降。在2021年4月举办的领导人气候峰会中，习近平主席发表了题为"共同构建人与自然生命共同体"的重要讲话，强调了国际社会要以前所未有的雄心和行动，摒弃以牺牲环境换取一时发展的短视做法，共谋人与自然和谐共生之道，共同构建人与自然生命共同体。

碳捕集、利用与封存

CCUS（碳捕集、利用与封存）是指捕集工业生产过程中的二氧化碳，再将其投入新的工业生产中进行循环再利用的过程。CCUS技术主要包括二氧化碳的捕集、利用与封存三个环节：捕集（C）是指利用碳捕集技术将二氧化碳从工业生产排出的混合气体中提取出来的过程。经过捕获、压缩后的二氧化碳通过管道、罐车、输气船舶等方式运输，最后再将二氧化碳注入地下岩层进行封存（S）。经过处理之后的二氧化碳不但不会危害环境，还可以在地质、化学、生产等方面得到有效的再利用（U）（见图 3-15）。

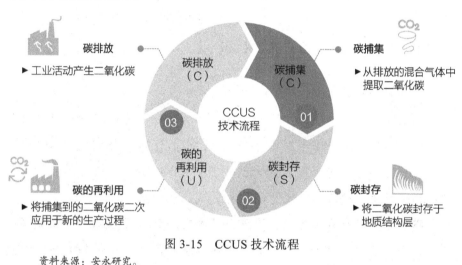

图 3-15　CCUS 技术流程

资料来源：安永研究。

1. CCUS 中关于 "U" 的再利用

与 CCS（碳捕集）技术不同的是，CCUS 技术新增了对于二氧化碳的再利用，能够将捕获的二氧化碳转化为具有经济价值的产品，通过资源化的利用产生经济效益，更有利于促进全球实现碳中和的发展进程。

目前，**我国的 CCUS 技术主要以二氧化碳驱油为主**，这是一种能将二氧化碳注入油层中以提高油田采收率的技术。每吨液态二氧化碳的驱油剂可以驱出 3 吨的原油，[一]具有良好的驱油效果。利用 CCUS 技术，不但可以将二氧化碳埋存在废弃和低效的油井里，保护环境，还可以将

㊀　孙清华 . 中原油田二氧化碳驱提高采收率技术跃居国际先进 [J]. 中国石化，2016（11）：56-58.

石油采出率提升 7%～15%，增加原油产能，达到保护环境和提高油田采收率的双重目的。

此外，**CCUS 技术为能源密集型企业提供了有效的低碳解决方案。**以建筑行业为例，二氧化碳不仅可以用在建筑材料上形成碳酸盐涂层，还可以用作混凝土原料，在降低碳排放的同时，减少了混凝土所需的水泥量。诸如建筑等能源密集型企业往往很难依靠可再生能源，CCUS 技术的优势在于能够直接对工厂现存的基础设施进行改造，由此降低了转型成本，增加了能源转型的灵活性。

2. CCUS 技术成本高昂，商业化发展受限

据 IEA 分析，要想实现《巴黎协定》升温控制在 2℃的目标，到 2050 年全球 CCUS 技术捕获能力要达到 76 亿吨。尽管过去十多年来，全球 CCUS 技术不断发展，但我国的 CCUS 技术仍处在起步阶段，CCUS 项目进展缓慢，未来仍有很大发挥空间。

碳捕集的高昂成本是阻止我国大规模推广 CCUS 技术的一大瓶颈。CCUS 项目的投资金额一般高达数亿甚至数十亿元，中国当前的低浓度二氧化碳捕集成本为 300～900 元 / 吨，在 CCUS 捕集、利用与封存环节中，捕集是能耗和成本最高的环节。[⊖] 但**我国目前尚未形成相应的经济激励或补偿机制**，缺乏有效的跨企业协调合作，导致多数 CCUS 项目很难实现盈亏平衡，面临较强的商业模式约束。

CCUS 助力实现碳中和的潜力是巨大的，其与可再生能源发电、生物质能和氢气一起被认为是实现全球能源转型的四大支柱。然而，我国目前 CCUS 技术的发展仍远远滞后于预期。下一步，还需大规模建设完善 CCUS 相关基础设施，降低二氧化碳的运输成本；推进大规模的试验示范项目，形成 CCUS 产业聚集区，促进研发和示范技术的成熟

⊖　蔡博峰，李琦，林千果，马劲风，等 . 中国二氧化碳捕集、利用与封存（CCUS）报告（2019）[R]. 生态环境部环境规划院气候变化与环境政策研究中心，2020.

与商业化应用；同时，相关部门还应制定符合我国国情的 CCUS 政策准则与激励措施，将 CCUS 纳入碳排放权交易市场，制定减排定价机制，调动企业的积极参与，加速企业实现低成本高融资的良性循环。

直接空气碳捕集

直接空气碳捕集（direct air capture，DAC）技术，恰如其名，就是指从空气中直接吸收或吸附二氧化碳。其原理是通过吸附剂对二氧化碳进行捕集，完成捕集后的吸附剂通过改变热量、压力或温度来恢复原状并用于再次捕集，而纯二氧化碳则被提取并储存起来。

DAC 可以完成对数以百万的小型化石燃料燃烧装置以及交通工具等分布源所排放二氧化碳的捕集和处理，碳捕集方式和布置地点相较 CCUS 而言都更为灵活。此外，DAC 技术也可以与 CCS 技术结合使用，对 CCS 技术储存中泄漏的二氧化碳进行捕捉，从而进一步提高碳捕集的能力。

就目前而言，DAC 在工业领域的发展还处于初步阶段，这一技术所面临的主要挑战之一就是成本过高。DAC 一般由空气捕捉模块、吸收剂或吸附剂再生模块、二氧化碳储存模块三部分组成。要想降低成本，可以从吸附吸收材料和捕集装置两个角度进行技术研发。在材料方面，需要开发兼具高吸附容量和高选择性的吸附材料。与此同时，从吸附剂中释放吸收到的二氧化碳的过程也必须简单、高效、耗能少，使得吸收吸附材料能够多次循环使用。在吸收装置方面，主要有捕集装置、吸附或吸收装置、脱附或再生装置。一般来说，对吸附装置以及脱附装置的改进和研究是降低成本的关键。

健全碳排放权交易市场体系

通过上文的介绍，我们已经比较深入地了解电力、工业、交通、建筑、服务等各行业应如何开展低碳减排行动，助力碳中和目标的实现。但问题在于，碳中和会给各行业的发展都带来一笔不小的"绿色成本"。从发达国家经验来看，碳税和碳排放交易是最为主流的两种碳定价机制。由于碳税还未在我国实行，本章我们将对碳排放权交易市场开展介绍。

什么是碳排放权交易市场？ 碳排放权交易市场是指允许将碳排放权当作商品放到市场上买卖，在这个市场中，只允许买卖与碳排放权相关的产品，比如碳配额、碳金融衍生品等。碳排放权交易市场的原理是政府将碳排放量达到一定规模的企业纳入碳排放管理，在一定的规则下向企业分配年度碳排放配额。企业的配额不够用，就需要自掏腰包到碳排放权交易市场去买；如果企业节能减排做得好，分配的碳配额用不完，就可以到市场上卖掉获取收益。

碳排放权交易市场（简称碳市场）的主体主要有三类：中央政府、地方政府和控排企业。其中中央政府负责碳市场的政策制定，包括制订配额分配方案、核查技术规范及排放报告管理办法等；地方政府进行数据审定、报送和核查，执行中央政府制订的分配方案，对企业履约情况进行监督、清缴；控排企业根据减排成本和配额价格采取自身减排的方式，或在市场购买配额，定期汇报排放数据，接受核查审定，并定期按照实际排放清缴配额（见图3-16）。

通过上文对能源需求侧、供给侧的多个行业行动指南的分析，我们了解到各行各业的碳减排都需要面对稳定发展和节能减排之间的矛盾。而碳排放权交易市场的建立可以帮助企业和政府找到一个价值平衡点，通过创造良好的市场条件，在为低碳生产工艺以及产品的技术创新提供动力的同时，加强对碳排放总量的控制，借助不同企业碳排放量以及减碳成本的差异化形成市场交易，提高整个市场的碳排放综合效率，实现全局最优。

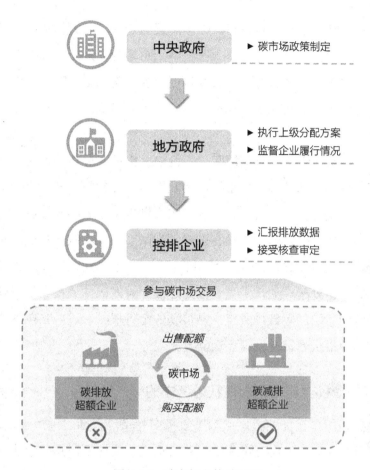

图 3-16　碳市场主体关系图

资料来源：安永研究。

为什么要建设碳排放权交易市场

首先，**有助于对企业形成激励约束机制**，推动企业发展新旧动能转换，引导技术和资金向低碳方向发展，淘汰落后产能，推动企业转型升级。排放量需求少的企业可以把富余的碳排放权配额售出，通过交易碳排放配额平抑生产成本甚至产生收益，直接促进企业加大对碳减排的决心与力度，并通过技术创新，加快推动产业结构升级，促进企业进一步朝着绿色低碳的目标持续发展。

其次，**有助于加强对我国碳排放总量的管理**。政府相关部门针对二氧化碳减排目标设置碳排放量上限，纳入市场管理的企业根据自身使用情况，将碳排放配额通过交易市场进行交易，这加强了对碳排放总量的控制，促进了从源头减少传统化石能源使用，降低二氧化碳和相关污染物排放。

最后，**有助于我国争取国际碳定价权，推进人民币国际化**。未来的碳汇资源就如石油资源一样重要，美元作为石油的衡量结算货币，促使建立了石油美元体系。目前，我国已成为世界上最大的碳排放权交易国之一，但是碳定价权基本掌握在欧美发达国家手里，欧元是现阶段碳排放权交易市场计价结算的主要货币。我国在国际碳市场上影响力较小，地位不高，仍处于产业链末端。因此建设完善的碳排放权交易市场，能够推动我国争取国际碳排放权交易市场的定价权，形成独立自主的碳排放权交易价格机制，增强国际竞争力。

我国碳排放权交易市场的现状是怎样的

随着碳中和目标的提出，碳排放权交易市场也随之进入大众视野。其实，早在2005年我国就参与了欧洲碳市场的交易，并从中获益。目前全球已有21个碳排放权交易体系正在实施，覆盖29个司法管辖区，另有9个司法管辖区正计划未来几年启动碳排放权交易体系，其中包括中国、德国和哥伦比亚等。此外，还有15个司法管辖区正考虑建立碳市场作为其气候政策的重要组成部分，包括智利、土耳其和巴基斯坦等。⊖

我国碳市场建设主要分为两个阶段：地方碳市场试点发展阶段和全国碳市场发展阶段。 那这两个阶段是从什么时候开始建设的呢？

第一阶段一共建立了7个试点地区。2013年，北京、天津、上海、重庆、广东、湖北、深圳7省市陆续开始上线交易。在首批试点后，

⊖　国际碳行动伙伴组织（ICAP）发布的《全球碳市场进展2020年度报告》。

2016 年，新增四川、福建两大全国非试点地区。

第二个阶段从 2017 年开始，由于电力行业的碳排放强度远高于其他行业，全国碳排放权交易市场建设以电力行业为突破口，率先开展全国范围内的碳排放权交易。2017 年 12 月，国家发展改革委印发了《全国碳排放权交易市场建设方案（发电行业）》，在发电行业率先启动全国碳排放权交易体系。2020 年 12 月 30 日，生态环境部印发《2019～2020 年全国碳排放权交易配额总量设定与分配实施方案（发电行业）》，并在此基础上汇总形成《纳入 2019～2020 年全国碳排放权交易配额管理的重点排放单位名单》，2225 家发电企业被列入重点排放单位，2021 年 7 月 16 日，全国碳市场鸣锣开市，这意味着全球最大的碳市场正式上线交易。开盘首笔交易价格为 52.78 元 / 吨，当日交易总量为 410.40 万吨，交易总额为 2.1 亿元。全国碳市场上线运行意味着我国在落实"双碳"目标的道路上迈出了坚实的一步。下一步全国碳市场将稳步扩大行业覆盖范围，以市场机制控制和减少碳排放。

目前我国碳排放权交易市场以线下交易为主，主要原因是线上交易手续费用高，而且线上交易不确定性大，暂无法保证线上有足额的购买和出售量。当前以碳现货为主要的交易产品，不过一些试点地区也推出了碳远期产品，例如广东省、湖北省和上海市，其中广东的碳远期产品为非标协议的场外交易，是较为传统的远期协议方式；湖北省和上海市的碳远期产品均为标准化协议，采取线上交易，十分接近期货的形式和功能。这些交易产品都是碳金融产品方面的创新，随着市场完善有待进一步探索和发展。

健全碳排放权交易市场体系要这样做

1. 碳排放权交易市场下的政策保障不容忽视

由上文碳市场发展状况得知，随着地方试点碳市场开展，以及全国碳市场的建立，碳市场机制已初步建立，同时政府政策方面也存在一些需要改进的地方。

首先要保证"赏罚分明"，**完善奖励惩罚体制**，加大企业的违规成本，改善低碳企业的福利政策。目前，我国各试点主要是以企业自愿采取减排措施为主，相关的奖惩法规约束力度不足，部分企业宁愿接受惩罚也不愿履约。未来，政府应牵头加强惩罚力度和监管措施，并且制定更具有吸引力的激励机制推动企业主动参与到碳排放权交易中去。

其次要实现"公平公正"，**协调统一碳配额分配方式等标准体系**。当前，配额分配存在不均衡现象，一些控排企业会出现配额过剩的情况，再加上配额抵消机制，会使得碳排放权交易价格过低。此外，地方政府可以制定分配方式和标准，将地方配额在减除免费分配后的部分通过固定价格或者拍卖的方式进行有偿分配。配额总量分配的不均衡会导致各地区有偿分配成本存在差异，因此有必要确定统一的碳配额分配方式及标准。

最后在制度的"花园"边界内孕育出"百花齐放"，**发展碳期货等金融衍生品**。碳期货一方面可以为投资者带来较为稳定的价格预期，另一方面标准化的期货产品也可以降低法律风险，反映市场情况。当前，我国碳金融产品较为丰富，有碳信托、碳配额的抵押和质押等产品，但尚未实现规模化发展。未来，以碳市场为基础的碳金融产品创新将迎来政策利好，碳期货、碳期权、碳远期、碳掉期、碳结构性存款、碳资产挂钩债券等碳金融产品将在政策刺激下落地发展，发挥资本市场价格发现、资源配置和风险管理等作用，同时为金融机构打开业务发展空间。

2. 从战略调整开始适应碳市场

俗话说"师傅领进门，修行靠个人"，对于高耗能、高排放企业来说，随着碳市场的建立与发展，将会面临全新的市场环境与规则。因此，提前行动，做好相应的应对策略，是企业的当务之急，为实现

2060 年碳中和愿景，应做好如下工作。

积极解读"碳排放权交易密码"，调整企业发展战略。企业应提高认识，调整战略规划，将绿色低碳作为企业的发展战略。应组织企业内部研发部门对碳市场进行系统研究，认真谋划，掌握相关规则，充分把握建立碳市场的机遇，改变传统被动参与节能减排的观念，变被动为主动，加大员工的培训，将绿色低碳的观念深入每一位员工的内心，提高员工参与的积极性。

做一个好"棋手"，提前进行低碳发展的行动计划预判，下好碳中和这盘棋。提高对碳市场建设进度的关注度，提前考虑布局，制定适应相关部门政策的企业内部行动指南，研究建立专门的碳管理组织机构，培养研究团队，做好自身低碳转型的"顶层设计"，培养核查人员的专业素养，尽快出台自查自纠核查细则，做好自身的监督工作。

加强碳资产"价值管理"，建立碳资产综合管理平台，利用有限的资源创造更大的收益。为使企业的综合生产成本最小化，碳排放权交易收益最大化，企业应根据自身的碳排放需求及政策要求做好碳资产管理，熟悉并精通与碳市场交易相关的政策，以便做好碳配额的供需判断，并根据自身企业的实际情况灵活选择碳资产管理方式；同时，充分利用集团优势，设立碳排放权交易部门，建立健全集团式的碳排放权交易管理机制，建立综合管理平台，实现对企业碳排放数据统一报送和管理，通过信息化手段实现对集团碳资产的统一管理，从而降低集团应对碳市场管控的履约风险。

搭建"碳市场经验桥"，加强交流与合作，推动企业绿色低碳发展。充分借鉴同行业兄弟单位参与碳市场的经验和做法，积极参加行业协会等平台的经验交流会，取其精华，吸取教训。结合自身的实际碳排放量需求，积极与国家资本、民间资本合作，开展碳资产金融业务，进行碳资产的优化管理，从而降低企业运营、减排成本，同时，通过与战略资本的结合，降低发展碳资产的风险，实现碳资产的保值、增值。

3. 对碳排放权交易市场的一些思考

碳排放权交易价格尚无法约束化石能源使用。2019 年我国单位火电发电量二氧化碳排放约 838 克 / 度[⊖]，美国某协会预测我国 2060 年的碳价为 163 元 / 吨，以该数据测算，我国的度电碳成本约为 0.137 元 / 度。假设免费碳排放额度占 75%，那么实际度电碳成本约为 0.034 元 / 度。2019 年我国大工业用户的碳价究竟是多少呢？我国工业电价平均约 0.635 元 / 度[⊖]，远高于度电碳成本，因此低廉的碳价既无法对化石能源的使用起到约束作用，又无法对新能源的开发起到激励作用。同时也意味着，未来我国需要更大的市场主体实现碳排放权交易市场规模化。

全产业价值链权责不对等。根据 2021 年 2 月 1 日起施行的《碳排放权交易管理办法（试行）》，发电行业率先启动，纳入全国碳排放权交易市场覆盖行业将逐步扩大，最终覆盖发电、石化、化工、建材、钢铁、有色金属、造纸和国内民用航空等八个行业。然而，这八大行业大约占全国碳排放量的 70%，占全国碳排放量的另外 30% 的其他行业目前还未纳入碳配额的规划中，权利与责任未在全产业价值链中科学分配，很有可能导致其他行业肆意挥霍浪费，最终影响碳中和目标愿景的实现。未来可考虑通过征收"碳税"的方式（对碳排放权交易市场已覆盖的行业实施免征，对未覆盖行业进行征收）实现对全行业碳排放的调节与控制。

发展绿色金融体系

绿色金融如何助力碳中和

绿色金融跟随碳中和一起"出圈儿"，那么它是如何助力碳中和的？

⊖ 中国电力企业联合会发布的《中国电力行业年度发展报告 2020》。

⊖ 刘思佳，张超，周树鹏，尤培培 . 我国电价的国际比较分析 [N]. 国家电网报，2021-03-23（8）.

　　由于碳是人类生产生活中的产物，在调节碳资源的过程中必然要从人类生产活动的角度出发，包括对各高碳行业生产能力、技术的调整改造，这将会在很大程度上影响行业的产出，又会通过产业链和市场供求关系影响到其他行业的产出、劳动力需求等，在宏观层面上可以传导并影响整个国民经济实体的产出与效率。绿色金融、产业、碳中和以及实体经济的关系如图 3-17 所示。

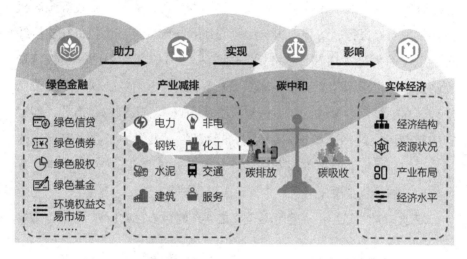

图 3-17　绿色金融、产业、碳中和以及实体经济的关系图

资料来源：安永研究。

　　绿色金融和传统金融都无法脱离为实体经济服务的属性，那为什么要特别强调"绿色"？这不仅是因为环境保护是关乎人类长远发展的重要议题，还因为环境行为通常都具有负外部性——个人或企业的行为对社会造成了负面影响，但是却没有为此而担责，或所负担的义务相较于造成的影响而言微不足道。例如高碳行业向大气排放大量的二氧化碳，却由整个社会共同承担气温上升的影响——这也是很大的成本。

　　传统的金融不考虑这样的成本，而主要从经济可行性、财务回报的角度考虑如何能最有效地配置资金资源，以产生收益，并在给定的资产组合下将收益率最大化。相比之下，绿色金融则将消除负外部性作为资金配置效率的指标之一，并通过政策设计、产品设计等方法力求实现——既能够提供资金的来源，又能够通过资金获得成本的高低来规范理顺个人或企业的行为（例如提高低碳行业的融资需求），将负外部性"内部化"。

支持绿色金融，央行这样做

提供绿色金融工具的主体是银行、证券公司、保险、基金等金融机构。中国人民银行，统管中国金融机构体系与宏观经济调控，在支持绿色金融方面更是发挥着"总指挥"的作用。2016 年，中国人民银行牵头制定了《关于构建绿色金融体系的指导意见》，这是全球首个由政府推动建立的绿色金融体系，动员和激励社会资本投入到绿色产业，能够有效抑制污染性和高碳投资。为了推动绿色金融发展，助力实现碳达峰、碳中和目标，目前中国人民银行也初步确立了"三大功能"与"五大支柱"的绿色金融发展思路。

"三大功能"是指，绿色金融需要去实现绿色项目中所涉环境资产的：

- 资源配置。
- 风险管理。
- 市场定价。

资源配置已经在金融的内涵中进行了解释。风险管理包括对信用风险（即违约风险）、气候与环境风险的管理。市场定价的例子有碳排放权交易市场中的碳排放权定价，以及对环境行为负外部性的市场化定价。

"五大支柱"是指，在实现上面的"三大功能"的过程中，需要完成以下五项核心任务：

- 完善绿色金融标准体系。

- 强化金融机构监管和信息披露要求。

- 完善激励约束机制。

- 丰富绿色金融产品和市场体系。

- 拓展绿色金融国际合作空间。[○]

简单理解，前三点是在力图消除金融市场的瑕疵，避免资本流动过程中因为信息不对称导致市场效率的无谓损失，后两点是在力求拓宽绿色金融市场的规模，给予绿色金融更多的创新空间和产品选择。

那央行会怎样做？ 2021 年 4 月 20 日，中国人民银行行长易纲在博鳌亚洲论坛"金融支持碳中和圆桌会"上表示：央行已将绿色债券和绿色信贷纳入央行贷款便利的合格抵押品范围，并将创立支持碳减排的工具，激励金融机构为碳减排提供更多资金。

由于信贷过程还款期限安排等原因，商业银行也会有"缺钱"（即流动性不足）的时候，这时它们会用达标且优质的证券产品作为抵押来向中央银行"借钱"，后者为其提供资金，也称"贷款便利"。现在，绿色债券和绿色信贷可以作为这样的抵押品，对于商业银行来说这无疑是一个令人振奋的好消息，相当于在鼓励商业银行多发行绿色信贷和绿色债券。

这是央行在宏观层面的调控信号之一，那么在中观层面，即在金融系统与产业维度，绿色金融具体如何发挥作用？它对微观层面的经济主体——企业，又会带来什么影响？

绿色金融工具如何为产业助力

绿色金融工具有很多种类，这里我们主要对绿色信贷、绿色债券和

○　人民网 . 陈雨露：初步确立了"三大功能""五大支柱"的绿色金融思路 [EB/OL].（2021-03-07）[2021-04-29]. http://finance.people.com.cn/n1/2021/0307/c1004-32044837.html.

绿色股权投资三大传统类型进行介绍，从而对它们在绿色金融体系中扮演的角色有直观的了解。

1. 绿色信贷是绿色金融的主力军

和个人住房贷款或消费贷款一样，绿色信贷是一种金融信用安排。它是商业银行、开发性银行和政策性银行等金融机构根据国家的环境经济政策和产业政策，对企业新建环保项目、低碳项目、绿色产业所需的投资贷款和流动资金提供融资支持的手段。目前各银行都推出了绿色信贷产品，如中国建设银行的碳排放权质押贷款，兴业银行的能效信贷、碳排放权抵押贷款，浦发银行的合同能源管理保理融资等。

关于我国的绿色信贷，目前我们需要了解一个数字：12万亿。

12万亿元人民币，准确数字是11.95万亿元，是截至2020年末我国的绿色信贷余额 [⊖]，也就是说，截至2020年末，一共有近12万亿元人民币的资金作为贷款发放给企业用于绿色项目。

这个数字是高还是低？如果你觉得高，那么相对于信贷总余额，12万亿只占6.9%（绿色信贷占信贷总规模的比例＝主要金融机构本外币绿色贷款余额／社会融资规模存量本外币贷款合计）。如果你觉得低，12万亿是我国绿色信贷规模历年不断扩张的结果，这个数字在同时点排名全球第一。[信贷规模，含增量和存量指标。信贷规模扩张（或收紧），是指各商业银行的"指挥家"——中央银行通过货币政策，允许银行对外发放更多（或更少）的贷款。信贷规模可以反映金融对实体经济的信贷支持力度。]

如何进一步看待这个数据？以下金融体系的事实也需要我们知道。

- 我国金融体系以银行信贷为主，**信贷融资属于间接融资**。也就是说企业或符合条件的借款人需要资金，一般会通过银行这样

⊖　中国人民银行发布的《2020年金融机构贷款投向统计报告》。

的金融中介贷款，银行由资金端吸收储户的存款，再发放贷款给资金需求端。

- 作为实体经济融资的主要渠道，**信贷是为资金需求方的实际生产经营而服务的**。最理想的情况是，企业需要多少资金，就贷多少、用多少资金。否则，如果贷多了，有闲钱没处花，降低了金融系统内资金的配置效率；贷少了，企业又会陷入没钱支援的困顿状态。

这两点是我们对绿色信贷关注的核心。直接解读数据的高低很难有全面性，但是，既然我国金融体系的特点是信贷为主，那绿色信贷势必在绿色金融中发挥主力军的作用。因此，绿色信贷占总贷款余额的比例是有待提高的。

事实上，为了达到碳中和的目标，中国人民银行已经将绿色信贷的数量、质量作为商业银行业绩考核指标之一，2021 年 6 月 9 日，中国人民银行印发《银行业金融机构绿色金融评价方案》，评价结果纳入央行金融机构评级等中国人民银行政策和审慎管理工具。当前纳入评价范围的绿色金融业务包括境内绿色贷款和境内绿色债券。据悉，监管机构正在考虑设立支持碳减排再贷款投放制度，进一步刺激金融机构向符合条件的清洁能源、节能环保、碳减排技术领域的项目发放优惠利率贷款。商业银行也会根据贷款项目的碳排放量，评估气候环境风险，配合中国人民银行共同参与碳核算体系的评价。这意味着，随着宏观信号的导向，在中观层面上，商业银行等金融中介会对绿色项目贷款有所青睐，因此信贷的结构会出现调整，高碳产业信贷比例降低，低碳产业信贷比例升高，绿色信贷余额的比例将会继续上升。

绿色贷款项目的用途和现金流也十分重要。通常绿色信贷项目的审批流程是：企业提交资金需求申请，银行客户经理到访企业了解企业需求与生产状况，银行实施回款压力测试等风险管理程序，最后进行贷款审批和发放。所以识别绿色项目，锚定优质的资产现金流也是保障绿色贷款质量的重要环节。

目前，在实施绿色信贷过程中仍存在诸多问题。例如如何判断绿色信贷投向项目的绿色属性，如何计算绿色信贷产生的环境效益等。而且如果只片面地关注绿色信贷的规模增长，不从提升绿色信贷资源配置效率的角度出发，也会使得绿色信贷违背了其原本推动经济绿色发展的初衷。

2. 绿色债券这样"点绿成金"

相比绿色信贷这个主力军，绿色债券算是个"小兵"。2015～2020年，我国绿色债券的发行量达到 1.2 万亿元 [⊖]，是绿色信贷余额的 10%左右。占比较小的绿色债券，在碳中和的背景下会逐渐红起来吗？

我们先来了解绿色债券是什么。绿色债券是指将募集资金专门用于支持符合规定条件的绿色产业、绿色项目或绿色经济活动，依照法定程序发行并按约定还本付息的有价证券，有点像"借条"。它包括绿色金融债、绿色企业债、绿色公司债、绿色资产支持证券，还有碳中和债。碳中和债是绿色债券的子品种，是指将募集来的资金专门用于具有碳减排效益绿色项目的融资工具，主要投向清洁能源、清洁交通、绿色建筑、工业低碳化等项目。

与绿色信贷的间接融资属性不同，绿色债券属于直接融资，直接在金融市场上发放"借条"，发行主体可以是银行、企业等。银行等金融机构发行的债券称为金融债，企业和公司发行的债券包括企业债、公司债、绿色资产支持证券等，以上都统称为信用债，是以发行主体自身的信用作为背书进行融资，在发行的时候都约定了固定的本息现金流偿付安排。银行发行绿色金融债，在银行间市场流通交易；企业和公司的绿色债券（包括企业债、公司债、绿色资产支持证券等）则在交易所市场

⊖ Wind 数据库。

发行。借贷双方存在直接的对应关系，不通过中间方进行接洽。那么绿色债券具体是怎么发行的呢？

（1）顶层设计统一标准

绿色债券怎么发行？首先我们需要通过一个对照清单——《绿色债券支持项目目录》（简称"绿债目录"）来判断绿色债券是否为"绿色"。中国人民银行、国家发展改革委、证监会等监管部门会定期更新最新版的绿债目录，以确保绿债目录反映当下的实际绿色融资需求。

2021年绿债目录于4月21日公布，不仅对绿色项目有非常清晰的界定，而且特别明确"煤炭等化石能源清洁利用的高碳排放项目"不再纳入支持范围。对比往年的绿债目录，由于考虑到当时的经济发展需求，接受"煤炭清洁利用"作为绿色项目，2021年的绿债目录设置了一道"硬约束"。

（2）发行主体识别绿色项目

绿债目录对项目认定标准进行统一十分重要，标准如果统一，发行、交易、管理就都变得容易起来，能够提升债券市场效率。除此之外，债券发行主体——企业也需要按照规范告诉投资者、监管方，自己在做什么样的绿色业务。这就需要中国人民银行这样的顶层设计者对信息披露的标准进行统一，既要从企业方面得到充分、合理的信息进行绿色项目的评估与筛选，又要避免涉及企业生产经营的涉密信息，从而保障企业的利益。

在具体操作层面，如何才能识别绿色项目呢？此时需要第三方评估机构出手。某银行在发行2020年第一期绿色金融债券的过程中，聘请安永华明会计师事务所（特殊普通合伙）作为独立第三方评估认证机构，对债券背后的绿色项目的筛选与决策、募集资金的使用与管理、绿色项目环境效益、信息披露和报告进行了评估和审核。最后，该银行选定了22个合格绿色项目，在银行间市场发行绿色债券并募集到了资金，这些绿色项目涵盖了节能、污染防治、清洁交通、清洁能源等重点领域。

3.绿色股权投资响应广阔投资机会

　　和绿色债券一样，绿色股权投资也属于直接金融。如果说绿色债券是在交易所、银行间这样的"标准化"市场（二级市场）进行流通交易，并且也是以标准化的形式——"借条"（按照法定程序发行并向债权人承诺于指定日期还本付息的有价证券）存在，那么绿色股权投资则侧重于"非标准化"的一级市场，它与绿色债券、绿色信贷的显著区别在于并没有固定的"借条"、信贷合同等形式，而是需要按具体的投资需求项目进行案头分析。绿色投资的参与主体除了政府以外，还有私募股权投资基金（private equity fund，PE）、风险投资基金（venture capital fund，VC）、企业机构等社会资本投资方。

　　清华大学气候变化与可持续发展研究院于2020年10月发布了《中国低碳发展战略与转型路径研究》报告，根据不同的气温目标设定各类情景分析，得出实现碳达峰以及碳中和目标的投资需求规模在127.2万亿~174.4万亿元。根据某国际信用评级有限公司的统计，2018~2020年的新增绿色融资中，绿色信贷占比90%，而绿色债券和绿色股权融资占比分别仅有7%和3%。百万亿级别的投资需求，将引导大量社会资本转投低碳产业。

（1）一呼即应的百万亿级投资需求是否预示繁荣的投资机会

　　百万亿级是什么概念？对我们来说可能是个天文数字。低碳投资有这么大的投资需求，意味着当前的资金并不到位，还有很大缺口。如果要实现碳中和，就需要用投资去驱动低碳产业，填补资金缺口。上哪儿去找这么多投资资金呢？你可能首先会想到政府。但作为经济社会中的活动主体之一，政府也有财力和预算约束，只靠政府的力量还远远不够。因此还需要手上有"闲钱"的社会资本方的参与。假设能够"收集"到足够的资金，这些资金的主要投向又是哪些领域？

　　清洁能源、制造业、绿色建筑、绿色交通、固碳技术……这些低碳甚至无碳领域欣欣向荣，但是也具有投资金额大、期限长、投资回报率低等特点。例如风电、水电等清洁能源项目，建设初期的土地选址、审批，中期的设备建设都需要投入巨额资金，而运营期一般长达 25 年，项目到运营后期才有比较明显的正收益。

　　如果你是一位私募股权投资基金的投资人或企业机构投资者，你愿意在前期投入大量资金，然后等待 25 年，收回投资收益吗？通常私募基金在花钱投资项目后 3～5 年就想"抽身而退"，回收投资成本，赚取投资收益。资本的逐利性和绿色投资项目的投资金额大、期限长仿佛有着不可调和的矛盾，这是绿色项目的正外部性导致的。绿色项目给全社会都能带来正效益，却很难自动地将效益内化到私人资本的投资收益中。即使是看到低碳领域远期利益的长线思维投资者，也会考虑在这不小的时间跨度中的风险承受能力。因此，投资者会考虑绿色项目的收益稳定性，以及项目的再融资能力，让投资回报"长期化短期"。

　　我们可以发现，当碳中和目标释放巨量的低碳投资需求时，并不意味着在资本端就会有合适的资金供给，如果是这样，低碳产业还会保持繁荣吗？资金供需的不匹配不会构成一个完善、自洽的金融体系。资本方如何评估投资项目的收益和风险？政策制定者如何平衡经济效益与社会效益、环境效益的关系？这些都是绿色投资关注的核心问题。

　　（2）可持续发展 vs. 可观的投资回报，机制设计很重要

　　碳中和目标可能会给社会和投资方带来潜在风险与收益。投资者关心资本回报，而社会整体注重长期的可持续发展，这种不一致性不一定是坏事。对低碳项目投资，短期来看可能会造成成本上升，中期来看对技术突破和规则升级会产生高度依赖，但是碳中和的实现能够平衡短期成本和长期的潜在回报，而且随着技术的发展将进一步拓宽低碳领域的生产可能性边界，因此在长期回报性上还是值得期待的。

　　遵循"碳中和与可持续发展"原则进行投资如果能够对投资收益产

生明确的积极影响，将有助于碳中和的"多方共同实现"。好比博弈论中的"纳什均衡"，如果一个行为策略能够给参与博弈的群体带来积极回报，那么可以大概率地判定，这件事最终会在全社会自然而然地发生，而无须太多政府的额外支持或法律约束。[○]

只是这个"最终"是要到什么时候，"长线潜在回报"有多长，我们尚不能准确得知。碳中和的长期成本和收益是否能够合理公平地在短期内的社会参与方，或不同要素（如资本和劳动）之间分配，一定程度上取决于机制设计，例如碳排放权交易市场中的排放权或排放配额的拍卖机制。

我们往往会认为一场拍卖中，出价高者获胜。但是，竞拍者不管出于什么目的——抢占市场配额也好，塑造积极的市场形象也罢，如果只是为了赢下拍卖而大幅提高报价，会导致拍卖成交价格偏离排放配额的内涵价值，这会挫伤市场效率，无法把最合适的排放配额数量分配给最需要的竞拍者，进而会实实在在地影响碳减排的效果，也会影响单个拍卖主体（企业等社会资本方）和整个拍卖体系的潜在收益。

如果成本收益无法公平合理分配，只集中于小部分群体，会导致市场偏离均衡点。如果大部分市场参与者被排除在收益分享之外，而只留出价最高的垄断者坐拥大部分市场份额，不论是投资者还是社会规则的制定者，都会对市场失去信心。

这种负面的情况是由信息不对称带来的，因为我们在事前无法识别恶性竞争和"动机不纯"的竞拍者，所以**一国的政策制定者在统领诸如排放权交易这样的市场时，需要制定好"游戏规则"**。在拍卖结果定论前，你可能始终都看不出来谁在恶意抬高报价，或有意报很低的价格而等待竞拍对手的底牌。但你可以通过设计拍卖规则，例如让出价最高者获胜，但却支付出价第二高者的报价，或通过每一轮报价信息的更新，来"识别"不同的企业动机，"诱导"它们报出最符合自身出发点的价

○　中金发布的《碳中和与可持续发展背景下的投资》报告。

格。如果一种拍卖机制能让最后的获胜者成为最需要排放配额的竞拍者，那么这就是机制设计的成功，也是社会性收益与个体收益都最大化且目标一致的体现。

其实，我们知道最终碳中和在全球是一定要实现的，倘若无法实现就意味着气温仍会不断上升，人类迟早会陷入生存危机。那么倒推到当前，越早采取系统性的行动对整个社会带来的损失就越少。实际上，部分有关气候变化的理论研究也支持这一结论，如果迟早都要纠正到正确的道路上来，越早在错误的道路上止损越好。[⊖] 因此，在这方面，越早介入碳中和的市场和经济体，其能源转型的代价就越小，越具备"先发优势"。社会层面的机制设计很重要，而投资方的积极研究和准备也必不可少，二者从不同的出发点共同发力，才可共同提高收益、规避风险。

绿色金融给我们带来什么

除了传统的绿色金融工具外，绿色金融还有创新型的产品，如绿色信托、绿色 PPP（public-private partnership，政府和社会资本合作）、绿色租赁等，这些工具将在金融体系中指引并服务实体经济达到碳中和的目标。

看似美好的愿景，实际行动的难度如何？"碳中和与可持续发展"的原则，将使得一些碳排放高的传统能源行业如石油、煤炭、原材料加工等，面临"过时"风险，从而使得相关行业的贷款、股权及其他形式的金融资产价值面临较大不确定性，加大了"坏账""违约"等金融风险。

绿色金融是实现碳中和的重要助推器，但无论是信贷结构比例的调整也好，通过项目筛选和评估使得债券融资投向绿色项目也罢，这些转

⊖ Acemoglu et al. The Environment and Directed Technical Change. American Economic Review[J]. 2012，102(1): 131-166.

变需要撬动的是社会的根本性血脉，即早已深刻固化在我国经济运转机制里的产业和就业结构。

我国经济对高碳行业的依赖程度很高，一旦强制进行产业转型，受到影响的行业远远不止能源、交通和制造行业。鉴于从货币政策到金融体系乃至到实体经济生产链的传导渠道，最后的结果是全行业都受影响。

绿色金融带动的潜在投资，资金规模高达上百万亿元。对资本运作方来说，这有很大的施展空间，大有利益可图，想着分一杯羹的中资和外资金融机构都不会少，单看这些由巨大投资基数带来的效益，也足够带动新一轮的经济增长。

总结：碳中和"公式"描绘行业脱碳之路

通过对各行业碳中和路径以及支撑保障体系的研究，我们提出了碳中和"公式"。但其实这不是一个严格意义上的数学公式，而是一种数学表达关系，目的是希望通过简单的方式告诉大家怎样才能达到碳中和的"0"排放目标。

对于**能源供给侧**，清洁能源替代以及清洁能源输送和储存是走向碳中和之路的关键。对于**能源需求侧**，则通过提高能源利用效率和生产经营过程的低碳化实现减碳。其中，生产运营低碳化包括生产原料代替、电气化改造及生产运营技术的改造。但是仅通过行业自身努力仍无法实现零碳排放的目标，那么这些碳又该怎么去吸收呢？答案是**发展负碳吸收技术**，通过负碳技术去吸收剩余的碳。

但无论是行业自身减排还是发展负碳技术，其实都离不开资金的投入和技术的飞速发展，如通过绿色金融市场为企业"输血"和新一代低碳节能技术等的融合发展。这时，资金投入和技术发展将以"指数级"

能力加速各行各业的碳中和建设进程（见图 3-18 和图 3-19）。

图 3-18 碳中和"公式"

资料来源：安永研究。

我们清楚，在近期实现碳中和的过程中，碳排放减去碳吸收是不等于 0 的，但通过各方的努力，可以让这个数字越来越小，这意味着我们已经走在通往成功的路上。只有当公式等于 0 时，我国才真正实现了零碳排放。

图 3-19 各行业脱碳路径

	碳排放 (CO₂)						碳吸收 (CC)
	能源供给侧		能源需求侧				碳吸收
	清洁能源替代 CES	清洁能源输送和储存 CET&S	提高能源利用效率 EEI	生产运营低碳化 LCO 开展原料替代	电气化改造	技术改造	发展负碳吸收 CC
电力	▲ 发展可再生能源 ▲ 安全有序发展核电 ▲ 发挥气电灵活性调节作用 ▲ 推动煤电逐步退出主导地位	▲ 构建以可再生能源为主体的新型电力系统 ▲ 大力发展储能技术					▲ CCUS技术改造燃煤电厂
非电	▲ 蓝氢、绿氢逐步替代灰氢 ▲ 发展电解水制氢技术 ▲ 发展工业副产氢	▲ 发展固态储氢技术、管道输氢 ▲ 建设加氢电站 ▲ 资源地产氢就近消纳					▲ CCUS技术改造煤制氢技术
钢铁			▲ 淘汰落后产能	▲ 废钢替代铁矿石	▲ 电弧炉炼钢技术	▲ 氢直接还原铁技术	▲ CCUS技术捕集高炉煤气
水泥			▲ 工厂余热回收发电 ▲ 水泥窑协同处置废弃物 ▲ 生物质燃料替代	▲ 石灰石原料替代		▲ 提高水泥窑热效率	▲ CCUS技术捕集水泥窑废气 ▲ 绿色矿山碳汇 ▲ 新型水泥碳汇
化工			▲ 提高原料利用率和燃料增效用能效	▲ 生物基材料替代传统化石基材料		▲ 使用风电、光伏发电等供能	▲ CCUS技术改造煤化工行业
交通			▲ 倡导共享出行 ▲ 发展智慧交通		▲ 道路交通全面电气化	▲ 航运海运远燃料替代	
建筑			▲ 使用节能电器 ▲ 建设绿色建筑	▲ 采用环保材料	▲ 建筑用能电气化改造	▲ 热泵和水塔组合使用，采用电地热等暖采暖方式	
服务			▲ 减少塑料包装使用 ▲ 低碳日常办公 ▲ 倡导快递包装的替代			▲ 数据处理中心低碳化发展	

资料来源：安永研究。

实现碳中和，下一步怎么走

给每个人的建议

当我们谈到气候变化或碳中和时，总会觉得这是世界层面、国家层面的问题。在宏大议题面前，你是否会有一种无力感？实际上，碳中和与我们每个人休戚相关，个人碳中和也是碳中和体系里不可或缺的组成部分。**碳中和意味着一场新时代浪潮的来临，不管你愿不愿意承认、愿不愿意参与，它都将从方方面面影响社会发展和你的生活，与其被动接受碳中和，不如主动拥抱它。**实现个人碳中和，首先需要转变观念，主动将碳中和看作我们每个人的责任和义务，使节能减排成为个人自觉的习惯。我们每个人都可以在低碳环保、科研或就业选择等方面为碳中和贡献自己的一份力量。

其一，低碳环保方面。个人可通过绿色出行、环保办公、降低能耗、减少肉类摄入、植树造林等手段助力碳中和的实现。

绿色出行。个人要将绿色出行的理念深植于心。绿色出行不仅在一定程度上缓解了交通拥堵，还减轻了环境压力。个人可以通过自行车、电动公交车、地铁、电动汽车等多种交通工具，以及合乘、共享等出行方式，减少碳排放。

环保办公。环保办公指减少办公过程中的打印、复印次数，养成节约纸张的好习惯，选择可循环利用的办公文具，加快适应无纸化办公。同时减少商务出行，尽量利用远程视频会议等方式进行沟通。

降低能耗。在电器选择上，尽可能选择使用节能电器。安装光伏分布式能源是一个不错的选择，既可以满足家庭用能需求，也符合低能耗的用电方式。同时，节约用电的习惯自然也必不可少，可以通过使用智能家居控制中心统筹屋内耗能，及时关闭不使用的电器。在装修材料的选择上，采用环保且生产过程耗能低的材料，例如选用再生钢材，通过保温混凝土模板、屋顶防辐射屏障、基础隔热板等提高住宅能效。

减少肉类摄入。倡导少吃肉。原因是水果、蔬菜和谷物对环境影响较小，而饲养牛、羊等的过程中会产生大量的温室气体。如果把全世界的牛视作一个国家的话，它就是全球第三大温室气体排放国——牲畜饲养的温室气体排放不可小觑。我们可以提高素食餐饮的频率，减少肉类的摄入，或者选择购买植物基人造肉这样的产品，减少自身的二氧化碳排放。

植树造林。森林可以吸收和储存二氧化碳，因此主动参与植树造林有助于实现碳中和。你也可以通过类似"蚂蚁森林"这样的线上碳减排活动参与植树造林。个人的绵薄之力可以积少成多，从而迸发出巨大的能量。全民一致的碳减排行动，可以增加我国的森林面积，助力碳中和目标的实现。

其二，科研或就业选择方面。在**专业选择**上，可以考虑选择有利于推动碳中和发展的相关技术和专业，如新一代信息技术、节能减排技术等；在**科研方向**上，可以研究碳中和与自身所学专业或所处行业的相互影响，从专业性角度出发，研究可以为碳中和做什么，为碳中和实现路径建言献策；在**就业选择**上，新一轮低碳环保技术的发展将催生一大批绿色环保领域的新就业机会，传统的化石能源行业发展空间可能受限，尽早切换赛道或选择在低碳技术领域自主创业，有利于抓住新一轮"风口"，实现个人发展的"弯道超车"。同时，传统行业人员也可选择到已声明碳中和目标或有此规划的公司就业，并积极推动公司履行节能减排责任。

给企业的建议

企业既是碳排放主体，又是实现碳中和愿景、发展碳中和技术的主体，是助力我国低碳转型的中坚力量。作为碳中和目标的行动主体，每家企业都责无旁贷。在愈发激烈的低碳转型浪潮下，**企业应采取更加积极的态度，主动承担起低碳减排任务，同时搭乘能源转型快车，顺势获取更大的发展空间**。

自我国政府提出"双碳"目标后，碳中和已成为企业宣传热词。从高耗能企业到新兴科技企业，不断有企业加入到碳中和的队伍中来。众多能源央企率先反应，纷纷表示力争提前碳达峰；各大金融企业紧随其后，宣布承销首批"碳中和债"；同时，互联网巨头也加入到碳中和竞赛中来。

但目前来看，相较于国外很多长期致力于碳减排目标的企业而言，**我国仍有一大部分企业对于承担减碳目标的自发意识明显不足，很多企业空谈碳中和理念，并没有制定具体的时间表和行动路线，也没有明确的碳排放范围**。同时，很多企业避重就轻，绕开核心减排，只是在植树造林这种"基于自然的解决方案"（Natural-based Solutions，NbS）上做文章。那么如何才能避免企业的"投机""搭车"心态，不允许其只谈不做，让企业真正科学认知碳中和呢？这需要从以下几个方面开展行动。

（1）摸清自己的"碳家底"，明确碳排放范围

企业实现碳中和的重要依据是明确其生产和运营范围内的碳排放量，做好碳排放核算工作是企业开展碳中和工作的基础。

企业全价值链的生产运营活动有很多，每个企业的碳排放范围应该如何界定？一般来讲，碳排放范围可参照世界资源研究所（WRI）和世界可持续发展工商理事会（WBCSD）制定的《温室气体核算体系》(The Greenhouse Gas Protocol)，**它将企业碳排放范围分为范围 1、范围 2 和范围 3。其中范围 1 是直接排放，范围 2 和范围 3 是间接排放**。企业的性质不同，在各范围的碳排放量也不同。

范围 1 是指企业自有设施的排放，例如制造业的原材料生产加工，能源行业的燃料燃烧等；范围 2 是企业消耗外购能源导致的供能机构的排放，例如企业外购电力和蒸汽产生的排放，以互联网科技行业为代表——数据中心的外购电力；范围 3 是指其他所有排放，包括外购商品和服务、上下游产业链以及售出产品的使用过程等的碳排放量，例如员工出差、上下游运输及分配和租赁资产等。

明确碳排放范围对于企业来说有利于其对运营全范围的碳排放进行梳理，特别是上下游的碳排放。但是，目前国内企业大都没有明确在哪一类碳排放范围实现碳中和，如果没有明确排放范围，那么企业提出的碳中和目标就会存在歧义，也不具备任何可比性。

（2）在明确排放范围的基础上，企业需明确排放总量，即开展碳核算

企业的碳核算与评价分析有两种国际标准核算方法。第一种方法是基于 ISO 14064 标准，例如企业碳核查，就是核算企业年度碳排放总量，只包含范围 1 和范围 2 的排放，在企业的碳排放权交易、碳减排量核查工作中常用到这一方法。根据 ISO 14064 标准，企业的温室气体排放二氧化碳当量总额计算具体如图 4-1 所示。

温室气体（GHG）排放计算：

1. GHG 排放量

$$GHG = 活动数据 \times GHG 排放因子$$

2. 利用全球变暖潜能值（GWP）将 GHG 转化为二氧化碳当量（CO_2e）

$$CO_2e = GHG \times GWP$$

图 4-1   企业温室气体排放二氧化碳当量总额的计算

注：GWP 即与二氧化碳相比，某温室气体对气候变化的贡献量。

资料来源：CDP 全球环境信息研究中心。

第二种方法是基于 ISO 14067 标准，该方法除了统计范围 1 和范围 2 的排放，还统计了范围 3 的排放，可以测算技术方案的碳排放，用于低碳技术的研发和对比评价，同时也可以测算企业的碳足迹，用于企业碳达峰和碳中和的核算。第一种方法容易核算和核查，而第二种方法涉及供应链全过程的排放，较难准确核算。但是，如果按照第一种方法核算，绝大多数企业都没有进行大量的直接碳排放，无法达到碳排放权交易市场的门槛，企业很难改进，限制减排潜力的发挥。因此，对于大多数并不是直接高碳排放的企业，建议采用第二种方法核算，测算全价值链的碳排放水平。同时企业还可以考虑结合新兴技术和数字化方案，如大数据、人工智能、机器学习等，提升碳排放统计数据的准确性和可靠性，并应定期对碳足迹的进展进行信息披露。

（3）结合企业特征，制定科学的碳减排目标

当算清当前企业的碳排放总量后，企业要围绕自身业务特征，结合我国"30·60"双碳目标，制定自身的碳减排目标和规划，并配合出台自身碳达峰、碳中和时间表。

企业在制定碳减排目标时，可参考"科学碳目标倡议"（Science Based Target Initiative, SBTI）发布的指南，制定符合《巴黎协定》的科学碳目标。科学碳目标已成为全球公认的企业设定碳减排目标的标准，旨在为企业提供基于气候科学减排目标的清晰指导框架，从而确保企业设定的碳减排目标和速度与《巴黎协定》中控制全球平均气温上升幅度小于 2℃ 的目标相一致。截至 2021 年 5 月，全球 60 个国家近 50 个行业的 1465 家企业公开宣布加入"科学碳目标倡议"，已有 729 家企业正式获得批准。

SBTI 要求企业设定科学碳目标时，应覆盖企业至少 95% 的范围 1 和范围 2 的排放量，鼓励企业努力根据全球平均气温升幅控制在 1.5℃ 内的情景设定碳目标。针对范围 3 目标的设定，当企业范围 3 的排放量超过企业总排放量的 40% 时，企业需要制定范围 3 减排目标，且目标设定应至少覆盖范围 3 总排放量的 2/3，某些特定行业必须制定范围 3 目标。**在执行 SBTI 的时候，企业需要注意"碳抵消""避免排放"不算入科学碳目标中，这是为了鼓励企业实施积极的减排行动，减少绝对排放。**

申请加入 SBTI 的流程包括提交企业雄心承诺函、制定科学碳减排目标、提交目标验证、宣布目标以及企业进行披露、报告每年的排放数据 5 个环节。

此外，企业的行动速度要跟得上宣传速度，不能只空谈目标，也要将碳中和目标纳入企业的长期发展规划当中。**首先**，在制定碳中和目标时，建议企业将目标分解成主要目标和次要目标，主要目标可以是企业于某年实现碳中和，次要目标则可以是碳排放强度较某年下降的比例。**其次**，需要考虑国家出台的一系列相关行业的环保政策与制度，确保企业的行动路线图符合各项政策和监管的要求。**最后**，还应加强企业高级管理层的参与，确保碳排放管理与企业业务发展战略相协调，为制定有效的碳减排措施及定期监察碳减排奠定基础，从而提升企业的整体碳资产管理的水平。

（4）制定具体的行动路线图

明确具体的减排实施路径是确保实现各关键时间节点目标的前提。本书前述"碳中和"公式能够帮助企业明确具体的碳减排路径，根据公式，**碳减排路径分为 5 大类。在能源供给侧**，第一类是清洁能源替代，如煤改电、利用风能和光伏等可再生能源等；第二类是清洁能源输送和存储，如储能（氢气就地消纳等）。**在能源需求侧**，第一类是提高能源利用效率，如节电和节蒸汽，在生产运营过程中提高原料利用率等。第二类是生产运营低碳化，包括开展原料替代（如钢铁行业的废钢代替铁矿石）、电气化改造（如发展电动汽车）以及技术改造。最后一类是发展负碳吸收技术，主要是指 CCUS 技术。采用这些方法后仍存在"减无可减"的剩余碳排放企业通常可以进入碳市场购买碳排放配额，还可以购买绿色电力指标，如购买绿色电力证书，作为消费绿色电力的证明。

企业应如何将具体的减排行动融入生产运营中？通过分析欧洲领先企业的减排行动，我们总结出几点落地建议。**首先**，成立企业级减排项目小组，由公司高层作为小组领导，以更有力地推动减排行动，并定期审查各部门的减排成果。**其次**，将公司的减排目标和路线图细化为各部门的减排目标和路线图，并将减排目标纳入部门负责人考核体系，设置环境关键绩效指标（Environment KPI，E-KPI），提高内部各运营环节的减排积极性。**最后**，设立公司"碳税"，在公司内部交易中，通过建立模拟市场的方式将碳税成本计入模拟利润计算，让各部门主动承担起减少碳排放的责任。例如，某大型集团在 2012 年开始实施碳税责任制，各部门使用内部高碳产品或服务时需要缴纳一定的碳税（每吨 15 美元）。这些碳税不仅将影响部门利润，并且各部门需要将这些碳税"真金白银"实际缴纳至集团总部，形成碳减排专项资金（carbon sink），用于低碳技术的研发。

（5）"核心减排"是重点，发展培育低碳技术

实现碳中和意味着企业要在能源结构和产业结构上做深度调整，而不只是过度依赖植树造林等碳抵消方式。由于森林种植面积和土地面积有限，因此我国可开发利用的碳补偿"额度"有限，也就是说，NbS 虽然能在一定程度上固碳，有助于实现碳中和，但它并不是"万金油"，提高可再生能源利用的比例，摆脱对化石能源的依赖才是企业碳减排的重点。这就需要企业**围绕核心业务，在工艺和技术方面加大研发和投资力度，拓展低碳转型的解决方案，确保技术的持续创新与升级**。企业可选择与研究机构、专家等开展合作，共同研究"核心减排"技术。在降低内部核心业务碳排放量的同时，还应加大碳捕集等"负排放"技术的研究，以降低企业的绿色溢价。技术是企业实现碳中和赛道上重要的一环，率先掌握先进技术的企业将引领行业实现低碳与效益双赢。针对不

同行业，前文也提到应重点发展何种技术来实现节能减排，例如电力行业发展以可再生能源为主的发电技术，构建新型电力系统等；钢铁、水泥等工业行业通过原料、燃料替代，深度拓展工业电气化，利用工业余热回收，大力发展CCUS技术等。**企业需要直面碳减排的挑战，真正致力于碳中和，而不是不成比例地过度依赖NbS，给自身染上"漂绿"嫌疑。**

（6）建立全供应链碳中和管理体系

目前一些先进的企业已经开展全供应链的碳减排工作，并且要求供应链管理部门的负责人加入碳减排项目小组，将低碳环保作为供应商筛选指标之一。例如，某科技公司在过去十多年对每一款产品都做供应链碳排放的调查，并发布产品碳足迹结果。还有一些制造企业将供应链上游材料碳排放指标纳入对供应商的考核评价中，为企业供应商选择提供决策依据。另外一些企业每年与每一家关键供应商共同制定减排目标，并且在年末审查其是否达成年初目标，将审查结果纳入下一年度供应商遴选指标。而且随着全供应链、全生命周期碳中和理念的推广，企业对供应链合作伙伴的碳减排的要求也在不断加强，尤其将合作伙伴的低碳减排纳入评价体系后，获得多级供应链的碳排放数据已不再是难题。企业应树立建立碳中和全供应链碳排放管理体系的理念，从低碳技术研发、产品设计、运营管理、供应链管理等方面开展工作，争取尽快实现供应链碳中和。

（7）运用数字化转型赋能

当前，智慧城市、智慧能源、智慧交通、智慧工厂、智慧建筑等的建设是全面展开碳减排运动，实现碳中和的有力抓手，而智慧的"抓手"离不开数字技术赋能。对于企业来说，数字技术创新是催生企业发展新动能的核心驱动力，能为企业带来新链接、新流程、新业务和新业态，企业的低碳发展路径离不开数字化转型。因此，企业要想实现碳中和，就要根据自身所处行业积极参与智慧能源、智慧交通、智慧城市、智慧建筑等的布局，**主动把握甚至引领大数据、人工智能、区块链等新一代信息技术，转变现有的生产管理理念，进行全方位的数字化转型，助力碳中和目标的实现。**

（8）注重碳风险管理与信息披露

在面临同类商品的选择时，消费者更倾向于选择业务透明度高、主动披露对人类和地球有何影响的企业的产品。这在一定程度上会刺激企业进行透明和可持续的信息披露，从而增强产品竞争力。在碳中和目标下，企业作为碳排放的主体，更有责任进行高水平的碳风险管理和高质量的信息披露。企业应建立自己的碳风险管理体系，系统评估碳风险，采取主动防范、控制、补偿、承担和机遇转化相结合的方式进行碳风险管理，并定期更新碳风险管理体系，将碳风险管理和碳合规纳入其中。在信息披露方面，企业应建立合理的信息披露制度，要符合政府或市场规定的报告披露要求，并参考相关国际标准。企业还可以通过利用多种披露形式，回应市场关注点，并参考综合报告理念，全面展示企业财务和非财务数据。

（9）评估碳减排成本，应对碳关税对经济的影响

碳关税将加大出口企业的成本，剥夺某些碳排放量高的企业原有的成本优势，改变行业竞争格局。比如欧盟 2021 年 3 月通过的"碳边境调节机制"议案，焦炭、石油精炼产品、采矿和采石等行业将直接受到影响。由于我国钢铁企业碳排放量大，出口欧盟需要缴纳高额的碳税，而碳效率高的外国钢铁企业支付的税费将比我国钢铁企业少 50%，因此相较于其他国家碳排放较少的钢铁企业，我国钢铁企业将丧失成本优势。为减少碳关税的影响，**企业一方面要积极执行绿色低碳发展的方针，另一方面要及时了解各国政策的最新动向，评估碳成本，将碳成本纳入企业经营决策中，及时衡量碳价格对产品和其他相关成本的影响，并将之纳入提供给管理层的成本会计报告。**

给金融机构的建议

随着 2060 年前实现碳中和目标愿景的提出，我国多个控排行业的生产结构、能源结构都面临着绿色低碳转型。金融业同样需要建立满足其他行业需求的绿色金融体系，**金融机构的参与，能够为企业庞大的资金需求提供保证。同时，金融机构的创新产品将极大地提升资源配置效率，使得企业转型升级的综合成本最小化**。金融机构应该如何参与实现碳中和的建设？

（1）创新绿色金融产品

尽管我国金融机构在过去的实践中已经推出多种绿色金融产品与服务，但为了满足企业绿色低碳的新发展需求，仍应不断完善绿色金融产品体系，为绿色低碳发展提供可复制、可持续的金融产品与服务；同时，大力加强与企业的深度合作，对绿色金融产品与服务进行个性化创新，结合行业特点推出契合绿色低碳目标的金融工具，提供"一揽子"配套金融服务，再将成熟的金融产品在同行业企业中广泛推广应用。

（2）**完善碳金融风险管理体系**

我国金融机构应主动对标欧盟绿色金融标准，借鉴先进的金融管理经验，逐步与国际指标接轨，制定更加完善的风险评估预警机制；加强对金融机构绿色金融业绩的考核，优化绿色资产风险权重，积极利用金融科技的力量，提升控排行业的风险防控能力，降低金融机构所承担的投资风险。

在做 ESG 投资时，投前尽职调查一般采用专职团队现场调查和参考评级机构打分结果两种方式进行。但是，由于新兴市场和发达市场之间同一类型企业的分数存在差距，因此打分结果不能完全依赖一些国际投资评级机构给出的数据，要根据 ESG 三个范围涵盖的不同环境领域、社会领域、公司治理领域的 KPI（key performance indicator，关键绩效指标），还要参考当地监管部门制定的行业标准、技术准则、排放要求 KPI，为投资决策提供判断依据。**在投后的风险管理方面**，投资机构可以通过数字化的工具和模式合理判断行业的环境风险。同时，要及时管理和监控企业潜在的社会风险，这是因为目前很多绿色产业虽然成长得非常好，但是由于管理不善等原因遭到投诉，导致风险远大于收益。此外，**在信息披露方面**，很多基金在绿色投资、ESG 投资方面非常出色，知名度却不高，这与信息披露的完整性和系统性有很大关系，建议我国投资机构在进行信息披露时借鉴、参考并加入一些国际原则，或者考虑加入国际组织，从而提高在绿色投资领域的认可度。

（3）开展绿色金融国际合作

设立国际化的绿色基金，并通过绿色基金在"一带一路"沿线与全球相关合作伙伴开展绿色投资和与绿色低碳技术研发相关的工作，实现"一带一路"绿色化发展。同时扶持从事绿色低碳技术的相关企业或机构，鼓励绿色投资，宣传绿色低碳理念，增强绿色金融在全球碳市场中所发挥的作用。

给政府部门的建议

实现碳中和需要开展一场广泛而深刻的社会系统变革，同时需要全社会行动起来，政府、企业和个人在实现碳中和的过程中均具有重要且又各有侧重的作用。**政府作为实现碳中和的"指挥棒"，具有规划、政策制定、监督等功能。**那么政府部门应该如何指挥实现碳中和目标呢？

其一，开展制度建设。在 2060 年前实现碳中和目标下，长期深度节能减排是我国未来发展的必然趋势，那么为减碳政策的有效实施提供制度保障至关重要。

在行动路径规划方面，政府部门要尽早制定碳中和的宏观行动路径，并鼓励有能力的省市结合本地区的经济发展水平、技术水平、产业结构、能源结构等因素自主设计地方碳中和行动路线，制定本地区工业、建筑业、交通、消费等行业的节能减排路径和评价考核制度。同时尽快做好我国碳排放总量的设计工作，明确各行业、各地区的碳排放量分解机制。

在环境保护立法方面，气候立法正逐渐成为国际碳中和行动的重要手段。一些国家和区域已经通过与气候变化相关的立法或修法的形式，为实现碳中和提供法律保障，而目前我国尚没有保障实现碳中和愿景的专门立法。我国政府也应该加快制定应对气候变化的法律，对气候变化的相关问题进行原则性、统领性规定，并考虑对《环境保护法》《清洁生产法》《大气污染防治法》等相关法律进行修订，纳入与"双碳"目标相关的内容，从法律层面保障碳中和目标的实现。

在技术和产业规划方面，政府部门应鼓励和支持零碳和负碳技术的发展，加快关键技术的研究与创新，使我国在更多关键技术上占据主导地位。同时完善降碳关键性技术的知识产权保护机制，减免税收，通过政府采购和技术授权等方式进行政策扶持，从而激励企业实现碳中和目标。

在碳排放权交易方面，持续推进以《碳排放权交易管理暂行条例》为代表的国家碳排放权交易制度建设。政府部门应进一步完善奖励惩罚机制，例如，多大的排放量属于违规排放？应设置多少违规处罚罚款？如何规范或限制排放未达标企业的经营活动？对低碳企业应该给予多少政策支持？碳排放权定价是用拍卖的方式还是政府定价的方式来确定？明晰以上问题有助于充分发挥市场机制在节能减排中的作用。在厘清这些问题的过程中，对碳排放权交易市场特点的分析，以及企业排放成本和减排收益的测算都不可或缺。

在绿色金融市场方面，加快出台并完善绿色金融配套的政策框架和激励机制，通过绿色金融业绩评价、贴息奖补等措施引导金融机构增加绿色资产配置。

其二，促进国际合作。气候问题具有全球性，需要国际共同合作应对，其中平衡效率和公平是关键，也是难点。越来越多的发达国家提出了碳中和目标，但它们早在工业革命前就已经进行了大量的碳排放，而发展中国家或低收入国家正处在经济快速发展或起步时期，脱贫比气候问题更迫在眉睫。但是，如果发展中国家重走发达国家先开发后治理的老路，则无法使全球范围的资源需求与供给达到可持续的平衡状态。因此，发展中国家的减排压力要大得多，而积极的国际合作能够有效帮助推动全球碳中和进程。

在技术合作方面，碳中和在未来可能成为技术和产业发展的全球性标准。我国碳减排技术起步较晚，因而需要加强能源等各个领域的国际科技合作。我国政府部门应鼓励企业、研究机构等与国际同行积极开展跨国交流与合作，借鉴先进国家在节能减排、低碳等标准和相关技术方面的经验，助力我国低碳技术的发展。

在国际贸易方面，碳中和将重塑全球经济和国际贸易边界，成为贸易和投资的准入门槛之一，例如对因拒绝碳减排而获得竞争优势的国家设置"碳关税"。面对绿色贸易壁垒，我国政府部门应牵头，督促企业尤其是跨国企业提前做好准备，积极开展脱碳行动，从而进一步加强国际对话合作，加强与"一带一路"沿线国家开展绿色贸易合作，实现互惠互利、合作共赢。

其三，参与国际技术标准的制定。在全球科技竞争日益加剧的今天，能否参与标准制定并占据制高点是影响一国工业能力、经济体系的重要风向标。在零碳时代，各项生产体系、消费体系、能源体系都将被改写，那么我国能否在技术侧的发展和应用中塑造对己有利的标准，对于我国能否在未来世界产业链和价值链上站稳脚跟、获得话语权而言至关重要，也将对我国乃至世界的经济格局产生深远影响。在各国纷纷宣布碳中和目标后，各行业的碳足迹也开始备受关注。我国众多行业尚未制定低碳标准，虽然有些行业制定了低碳标准，但由于标准过低而约束不力，这必然会影响行业的整体利益和贸易往来，因此相关的行业低碳标准以及 ESG 指标对于企业乃至国家的竞争力而言十分重要。

在认证标准方面，目前国际上常见的碳中和认证标准主要有三个，分别是 ISO 14064 标准、PAS 2060 标准和 INTE B5 标准。2020 年 2 月，国际标准化组织（ISO）环境管理技术委员会的温室气体管理分技术委员会成立了碳中和工作组（ISO/TC207/SC7/WG15），启动制定了国际标准——**《碳中和及相关声明实现温室气体中和的要求与原则》**（ISO 14068）。该标准由英国专家担任召集人，中国标准化研究院作为国内技术对接单位，积极反映中方意见，适时将有关国际标准的最佳实践引入国内。

我国人口众多，并且目前还处于发展中阶段，若不能参与到国际技术标准、行业低碳标准以及碳中和认证标准的制定过程中，就会陷入非常被动的局面。因此，**主动融入零碳时代的各体系，增加参与度，使规则制定的大方向与我国的国情和现状相结合**，对于我国实现碳中和非常重要。

打铁必须自身硬，无论是国际技术标准还是行业低碳标准，我国首先要具备绝对的硬实力，才能在世界舞台上发言。**在技术标准方面**，由政府部门牵头，组织相关政府研究部门、行业协会、大型优势企业加强合作，加快我国低碳技术的研究，只有技术强大，才能在国际技术标准的制定方面掌握话语权。**在行业低碳标准方面**，政府应尽早建立严格的绿色产品标准体系，提高行业低碳标准，促使企业以高标准产品赢得国际市场的青睐，增强国际影响力，从而在一定程度上引导国际行业低碳标准的制定。

碳中和的多个误区

在实现碳中和的漫漫长路上，我们对碳中和的认知可能会存在一些误区，认知的偏差可能会造成行为上的偏误。在本章，我们将从**碳中和的整体发展**和**各行业的发展**这两大视角澄清常见的误区。

误区一：碳中和只是一个环保议题，国家出手治理环境便足够，跟我没有关系

当听到 2060 年前实现碳中和的目标时，很多人可能觉得这是一个国家层面的环保议题，生活中似乎接触不到，时间看上去也特别遥远。那碳中和是否真的与你无关呢？答案是否定的，你的生活在碳中和背景下会产生颠覆性改变。

碳中和是一场深刻的社会性变革，将在未来 40 年内为我国带来翻天覆地的变化：从日常生活、交通出行、学校教育、就业环境，到行业发展、产业转型，再到国际关系，社会的方方面面都将受到碳中和的影响，呈现不同程度的变化。个人身处其中也必然会受到影响，与其被动地接受变化，不如主动地拥抱和参与碳中和。**对于个体而言，越早意识到碳中和的重要性，就能越早在这场变革中抓住投资、发展等的机遇，抢占先机。**

误区二：有了碳的"负排放"技术就能实现碳中和，行业无须节能减排

也许你会觉得碳汇、DAC 技术、CCUS 技术可以一举多得，只要大力发展这些技术，钢铁、水泥、化工等行业就无须节能减排。如果你是这样认为的，那么就大错特错了。这些技术的确能够清除大气中的二氧化碳，但其实它们抵消碳排放的能力有限，实现碳中和还是要依靠各行业自身的努力，通过企业节能减排战略化，生产运营过程低碳化，企业科学用能效率化，助力碳中和目标的实现。

误区三：从事碳中和相关技术研发的企业都具有发展前景

成本控制是推进碳中和的关键。即使目前已经积累了一定技术的风电、光伏发电等行业，想要进一步发展也需要面对成本问题。除成本控制之外，从事碳中和相关技术研发的企业还需要加大核心技术研发力度，对商业模式进行探索，在我国迈向碳中和的过程中不断接收市场反馈并及时做出改变。通往碳中和的道路充满挑战，并非所有从事碳中和相关技术研发的企业都能存活下来。

误区四：发达国家无须为发展中国家的碳减排提供帮助

相比于发达国家，发展中国家在实现碳减排的道路上需要付出更大的努力，在解决本国的经济、环境、就业等主要问题的同时，兼顾全球气候变化和可持续发展。如果没有相关的先进技术和资金支持，发展中国家将难以避免地大量使用高碳能源来维持经济社会的发展。与之相伴的碳排放是发展中国家完成基础社会发展的必然结果，也是发达国家已经走过的道路。为了实现全球统一的减排目标，发达国家应切实履行承诺，为发展中国家提供资金和技术上的支持，帮助发展中国家突破碳减排的重重难关，加速全球碳减排目标的实现。

误区五：煤电机组将完全退出

煤电的二氧化碳排放量高、污染大是公认的事实，也是我国电力碳中和道路上需要重点突破的一环。虽然实现电力碳中和要大幅提高可再生能源的发电比例，但这并不意味着我国未来会关停全部煤电机组。这是因为风电等可再生能源存在一定的不确定性，仍需要保留部分煤电机组以满足稳定性需求。但煤电机组的定位要彻底发生转变，从传统的基荷电源转变为灵活的调峰服务，发挥煤电的低价发电成本优势，保障电力系统的稳定性。

误区六：电力碳中和只要发电清洁就可以

用可再生能源发电只是实现电力碳中和的前提，除此之外，还需建立能够适应大规模可再生能源发电的电网，让发出的电能够输送出去。同时，引导电力用户养成绿色用电习惯，推动绿色生产生活方式和节能风气的形成。加强电力市场的建设，依托电力市场化改革提升运行和投资效率，保证电力系统安全和电网可靠。

误区七：交通碳中和与道路全面电气化可以通过不买车来实现

事实上，在未来，我国道路全面电气化不仅仅局限于轿车，而是会涉及公共交通、高铁等各个方面。我们日常出行所搭乘的公交车、出差旅行时乘坐的高铁都将实现去碳化，通过电能或氢能供能。因此，我国去碳化在交通行业的影响将会体现在我们出行的方方面面。

误区八：电动汽车既昂贵又不方便

电动汽车充电非常不方便，电池也较为昂贵，如果我购买了电动汽车，后续充电和更换电池会不会耗费更多的时间和金钱？在目前阶段，我国正在大力发展电动汽车充电桩等基础设施，同时也在不断优化氢能等新能源技术。在不远的将来，氢能的使用成本将会降到可以实现普及化的程度，使人们能够更便宜地使用电动汽车或者氢燃料电池汽车。

误区九：化工行业碳中和会影响化工企业盈利，从而影响行业整体发展

化工行业在能源消耗端和生产工艺过程中都会产生二氧化碳。由于生产工艺与化工企业的主营业务直接相关，很多人认为这会大大打击化

工企业的生产积极性，损害企业利益。

准确地说，化工行业碳中和需要淘汰的是高能耗的落后产能，例如电石等传统煤化工的生产过程会消耗大量的煤，这些落后产能需要逐步退出市场，或者被其他材料代替。但新型化工，如甲醇、二甲醚、乙二醇等替代燃料，将会在碳中和背景下发挥更大的作用。

误区十：碳中和下的工业行业前景不太乐观，上市企业的股票可能会被大幅抛售

恰恰相反，碳中和与工业行业的发展并不冲突，而是给行业结构和产能的进一步调整指明了方向。产生误区的原因是认为碳中和与工业行业的发展相悖，以及认为抛售某行业股票与对该行业的悲观预期具有内在逻辑的一致性。

实际上，即使是抛售工业行业企业的股票，也并不会对行业的结构或生产发展产生根本性影响。因为买卖股票是金融市场行为，而工业行业的生产经营是国家的经济命脉，支撑着各产业链的运行，并与我们的生活消费环境密切相关。以金融市场行为去影响实体经济是本末倒置的，而且还会扰乱金融市场的秩序，造成反常波动。对于致力于创新技术和转型的上市工业企业，我们反而应该看好它们的业绩发展以及在实现碳中和方面的潜力，毕竟优质健康的企业才是资本市场上的常青树。

误区十一：国家大力推进碳中和将阻碍经济增长和社会发展

致力于碳中和目标的发展的确会影响部分高碳行业的利益，但实现碳中和是一个经济社会发展的综合战略，将助力产业高质量转型发展，反向促进产业升级，加速绿色创新。欧盟的绿色新政便是一个很好的例子，其长远目标旨在将欧盟转变为资源节约型现代经济体，在提升竞争力的同时不断弱化经济增长与资源消耗的关联，进而实现可持续发展。

后　记

　　当前，气候问题已成为全球亟待解决的重点问题，应对气候变化我们每个人都义不容辞。从签订《巴黎协定》到各国提出碳中和目标，我们可以看到世界各国正在为此付出努力。尤其在新冠肺炎疫情的冲击下，世界经济陷入低迷，应对气候问题成为发展新能源、新技术、新商业、复苏经济以及抢占未来几十年发展优势的重要契机。我国提出2060年前实现碳中和目标后引发各方关注，与此同时"碳中和"成为刷屏热点词，对碳中和的解读也随处可见。

　　安永作为长期在电力、石油、可再生能源、化工、钢铁、交通、金融等行业为客户提供审计、税务、战略、交易和咨询的服务机构，关于碳中和愿景，我们近期正在与多个企业进行越来越多的讨论与思考。在这些沟通中我们越发发现，多数企业迫切希望在短时间内清晰理解我国宣布碳中和目标的内在逻辑是什么，应该如何制定自身碳中和战略目标，以及这些战略目标在未来一段时期内对其发展规划、市场估值、生产运营、员工管理以及市场竞争方面会产生哪些实质性影响。

　　意识到碳中和将会是影响我国经济发展以及各行业转型的一场系统性变革，基于安永服务经验的积累和对行业的深刻理解，我们成立了安永碳中和课题组，并在数月前发布了名为《一图读懂碳中和》的公众号文章，旨在以最简单的方式向公众阐释这个热点概念及其潜在影响。文章一经发布，反响热烈，多家杂志和公众号对该文进行了转载，我们也收获了一批忠实的读者。随后，受机械工业出版社的邀请，我们开始撰写本书，以求为社会大众提供更系统、更丰富的解读。在编写的过程中，我们与出版社多次进行沟通，明确第3章"碳中和40年，各行业转变路径及机遇"为本书的核心亮点。我们访问了电力、交通、建筑、金融等行业代表性企业的多位专家，利用安永全球专家知识库，明确各行业碳减排重点，并邀请多位行业专家提出宝贵意见，最终形成此书。

希望通过阅读本书，你能够对碳中和的全景有一定的了解，对未来"零碳"一天的美好生活充满期待，拉近与碳中和的距离，而不是仅仅停留在概念认知上。如果你是企业管理人员，我们希望你能知道自己所处行业的现存问题，怎样做才能实现真正脱碳；如果你是政府机构人员，希望本书能助力你实现政府在碳中和目标进程中发挥的"指挥棒"作用；如果你是金融机构的从业者，希望你能知道未来的发展机会在哪里；如果你是学生或自由职业者，希望你能知道怎样从自身做起，助力碳中和目标的实现。总之，读完本书后，我们并不期望你能立刻成为碳中和专家，只希望你能了解自己所处行业、所在岗位以及所扮演角色在实现碳中和进程中的作用。

同时请记住，在不断加剧的全球气候变暖面前，实现碳中和绝不是终点，它只是一个阶段性的成果。未来我们要在碳中和的基础上进一步实现负碳排放，去除二氧化碳的"净效果"。

安永碳中和课题组共由17位成员组成，分别是毕舜杰、朱亚明、钟丽、杨豪、兰东武、田苗苗、李菁、郭毅、鲁欣、张思伟、王琰、赵毅智、沈丽雅、郝进军、邵荣、梁斯尔、王小国。课题组致力于气候环境问题研究，着眼于低碳发展策略与路径，具备多年的行业可持续发展咨询经验，对行业绿色低碳转型有着深入的洞察和理解。研究领域包括双碳背景下能源行业、公用事业、石油化工、制造业、建筑行业、消费行业、交通运输、信息产业、金融行业等的绿色低碳布局、可持续发展与数字化转型等。在成书过程中，我们的合作企业中的行业专家以及安永全球知识团队专家也提出了很多建设性的意见和建议，在这里对各位专家的辛勤付出致以最诚挚的谢意。因时间仓促，本书如有不足，望各位读者积极给予指导！

安永碳中和课题组
2021 年 5 月